집이
나에게
물어온
것들

# 집이
# 나에게
# 물어온 것들

시간의 틈에서 건져 올린
집, 자연, 삶

장은진 지음

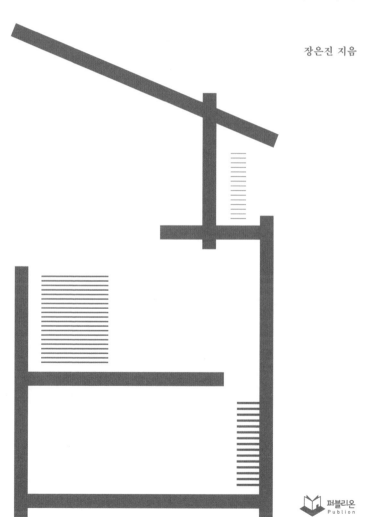

퍼블리온
Publion

# 자세히,
# 오래

스물두 살, 나의 첫 차(茶) 선생님은 종가를 연구하는 할머님이다. 수업 첫날, 둥근 귀 위를 질러가서 쪽 찐 머리로 숨어드는 희끄레한 선생님의 머리카락이 제일 먼저 눈에 띄었다. 노년의 그림자란 흰색이구나. 오만한 청춘이었던 내게 흰색이란 창창한 색이 낡아가며 바래는 것으로만 보였다. 선생님은 항상 단정한 한복 차림으로 나를 맞이해 주셨다. 한복 색은 요란하지 않지만, 그맘때의 우중충한 날씨 같지도 않았다. 수업 동안에는 좌충우돌하는 청춘에게 부는 봄바람 같은 온화한 미소를 지으셨고, 두세 시간도 거뜬히 꼿꼿한 자세를 유지하는 완고한 몸에서는 기품이 흘렀다. 얼마 지나지 않아 이 모든 것이 마치 삼손의 머리카락처럼 선생님의 흰 머리에서 나온다는 생각이 들었다.

선생님의 찻자리는 내게 호기심과 경탄의 대상이었다. 어디서 구하셨는지 기물 하나하나 자연스럽고 우아했다. 그들의 내력을 여쭈면 당신은 아이처럼 달뜬 목소리로 답해주시곤 했다. 이건 강릉 바닷가에서 주워 온 거고, 이건 지난여름에 어느 종가 가던 길에 담양에서 구한 거야. 선생님이 삶의 순간순간에 선택한 것들이 일궈놓은 일관성에서 나는 선생님의 삶을 짐작했다.

차는 선생님의 줏대이자 삶의 내용이었다. 삶의 내용은 고유한 시선이 되어, 관점이 되어 눈에 담기고, 그 눈으로 선택한 형식에서 드러난다. 선생님의 쪽 찐 흰 머리부터 자태와 품위, 소유한 그 작은 사물들 모두는 선생님만의 색(色)이자, 삶의 내용을 드러내는 형식이었다. 그러므로 선생님이 인생에서 포착한 질문들과 그에 따른 답도 틀림없이 일관적일 거라고 믿었다. 처음으로 삶의 내용과 형식이 일치하는 삶에 동경을 품었다.

청춘을 모두 소비한 후에야, 나는 다시 찻잔 앞으로 돌아왔다. 내 눈으로 선택한 입고 쓰고 소유한 것들을 검증하기 시작했다. 이것들은 진짜 나를 담고 있나. 내가 꿈꾸는 나를 반영하고 있나. 자신이 없었지만 해야 할 일이었다. 타의에 이끌려서, 혹은 안일하게 선택한 일상의 형식들을 시간을 두고 서서히 가름해냈다. 반대로 나를 견실히 닮은 것을 만나면 대책 없이 마음이 기울었다. 사람들은 그런 걸 '취향'이라고 했다. 취향이란 풀어쓰면 삶의 내용과 형식의 동기화를 위한 움직임이다.

움직임은 '집'에서 멈추었다. 내가 바라는 삶과 주어진 선택지들 사이에 메울 수 없는 간극을 보았기 때문이다. 살아낼 사람의 삶을 묻지 않고 지은 집은 아무리 많아도 우리집이 될 수 없었다. 나는 나, 우리 가족의 본색을 드러낼 단 하나의 집이 필요했다. 선택지에 없는 답을 골랐다. 아마도 인생의 큰 결단 중 하나였을 거다.

기윤재(奇潤齋)를 짓는 데 1년 4개월이 걸렸다. 처음에는 들인 시간만큼 집이 얼마나 충실히 우리를 반영하는지에 대해서만 쓰려고 했다. 그런데 이 집에서 말문이 터진 아이가 2층 집을 8층 집이라고 부르던 날, 집은 단지 삶의 내용을 따라잡은 형식에 지나지 않는다는 생각을 의심했다. 아이방 앞 작은 복도에 서서 어릴 적 느끼던 두려움을 극복한 날, 집이란 돌아갈 수 없는 과거를 다시 살게도 하고 예전과는 다른 내일을 그리게도 하는 힘이 있다고 확신했다.

집을 들여다보기 시작했다. 나태주 시인의 시 구절처럼, 자세히, 오래 보았다. 집 안 곳곳에서 겪은 크고 작은 경험들은 일상의 지층을 흔드는 하나하나의 질문이 되었다. 소유한 것들은 질문하지 않는다. 오직 존재들만이 질문한다. 집은 단순히 취향의 집합체 정도로 갈무리할 수 없는, 하나의 커다란 존재가 되었다.

그래서 이 책은 집과 나의 색깔 있는 대화록이다. 삶의 내용이 고유한 형식을 빚고, 형식이 다시 내용을 채워주는 특별한 관계에 대한 이야기이다. 읽다가 이따금 종이 귀퉁이를 접어놓고 자세히, 또 오래 당신의 집을 둘러보면 좋겠다. 삶을 지나온 당신과 삶을 걸어갈 당신에 대해 집이 물어올 것이다.

은행나무가 보이는 북쪽 창가,

기윤재에서

# 1

## 집이라는 ──────── 이름의 공간에서

# 2

온기를 ——————————————— 나누는 사람들

# 3

그렇게 ———————— 삶과 대화한다

집이라는

이름의 공간에서 ─────────

1

불안을 넘어서는 문지방

현관

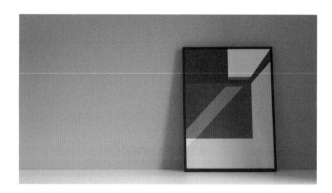

손을 들어 허공에 문을 하나 그렸다. 수직으로 올라갔다가 기역 자로 꺾어 내려오는 문. 어디에나 그려왔지만 아무도 그 문을 볼 수 없었다. 나만이 볼 수 있고, 열 수 있는 문. 문의 바탕은 하늘이 되었다가, 바다가 되었다가, 산이 되었다. 문간에 선 다음은 나의 선택이다. 문지방을 넘을 수 있을까. 넘어도 되는 것일까.

현관 너머로 펼쳐지는 집에 대한 상상은 대개 물결에 닿아 부서지는 햇빛처럼 곧 흩어져버린다. 소유하고 싶은 이미지의 파편들이 물밀듯이 들어와도 콜라주로 완성되기는 드물다. 실체가 없이 어슴푸레하게 느낌만 있는, '로망'이라는 단어로 포장되어 머릿속에서 유영한다. 질서가 없는 로망은 허황되지 않음에도 백일몽에서 그친다. 그래서 전원주택이란 우리에게 영원히 로망, 단어 그 자체로 남는 걸까. 생각을 현실로 만들기 위해서는 흐리멍덩한 몽상이 아니라 선명한 비전이 필요하다. 누가 이 작업을 방해하는가. 내면에 뿌리박힌 불안이다. 피할 수 없는 위협이다.

영화 속 매트릭스를 믿는 게 아닌 이상, 우리는 세상에 존재한다, 라는 명제에 대항하지 않는다. 존재가 나를 증명한다. 그렇다면 인간에게 '비존재', 내가 세상에서 소거되는 것이 가장 근원적인 불안이 된다. 자신의 존재를 투영한 어떤 대상을 세상에 현실화하려고 할 때, 그 시도에는 성공과 실패의 가능성이 모두 담겨 있다. 성공과 실패는 그대로 존재와 비존재로 연결되므로 우리는 불안을 떨칠 수 없다. 누구나 똑같다. 존립의 문제이기 때문이다. 다만 공동체가 어떻게 개인의 실패를 다뤄주느냐에 따라 불안의 강도가 달라질 수 있다. 성과로 보여줘야 하는 한국 사회는 실패에 유독 엄격하다. 나는 오늘의 선택에 떨고 있었다.

"집을 지으면 어떨까 해요."

불안은 파동이다. 불안은 나누려고 하지만, 나눈다고 줄지 않고 오히려 증폭된다. 내 말이 떨어지기가 무섭게 지인이 대리 불안을 겪으며 내게 조언한다. 그의 입을 빌려 목도하는 나의 인생 시나리오.

"집 지을 돈이면, 서울의 오래된 아파트를 사서 고쳐 사는 게 낫지 않아? 그러다 값이 오르면 팔고 조금씩 평수를 넓혀가는 거지. 그렇게 자산을 불려서 나중에 '좋은 동네'에 집을 지으면 되잖아. 아니면 건물을 사. 결국 집값은 땅값에 수렴돼. 주택은 아무리 멋지게 지어도 문 따고 들어가는 순간부터 감가상각이래. 10년 지나면 건물값은 쳐주지도 않는다던데?"

자본주의 관점에서 구구절절 맞는 이야기이다. 대리 불안의 위용은 논리가 매우 탄탄하다는 점에서 찾을 수 있다. 그의 시나리오는 내비게이션 같다. 최단 거리, 최소 시간의 추천 경로가 아니면 출발부터 꺼림칙하다. 자칫 길이 라도 잘못 들어설까 아찔하다.

이어지는 아파트 분양과 부동산 이야기. 어느 순간 그의 목소리에서 미세한 떨림을 감지한다. 내게 말해준 시나리오는 사실 그의 인생 시나리오인가 보다. 그는 시나리오 선상의 어딘가에 서 있고, 나는 변수가 되었다. 그의 불안은 나의 새로운 시도가 가지고 있는 가능성에서 왔다. 자신과 다른 길을 선택해서 성공하거나, 혹은 실패하거나. 이 두 가지 방향 모두에 대한 불안이다. 여태껏 떠들었지만, 그는 사실 이 한마디가 하고 싶은 게 아닐까. 그러니까 이 대열에서 떨어지지 마.

'외진 교외 마을에, 값도 안 쳐준다는 주택을 대출까지 받아서 짓고… 괜찮을까? 집 하나에 발이 묶여 아이에게 해줘야 하는 것을 못 해주면 어쩌지?'

주변의 대리 불안은 다시 나의 불안을 자극한다. 나는 입이 점차 무거워졌다. 이촌향도(離村向都). 한강의 기적이 시골 농민들의 콧바람을 자극했다. 끊임없이 도시로 몰려드는 사람들을 감당하기 위해 물 건너온 주거방식을 받아들일 수밖에 없었다. 꼴이 영락없는 성냥갑인 아파트에, 처음에는 아무도 들어가고 싶어 하지 않았다. TV와 신문은 단란한 가족의 모습을 아파트와 버무렸고, 사람들이 마을 단위에서 점차 가족 단위로 나뉘면서 아파트는 사람들로 들어차기 시작했다. 밀도 높은 도시는 더 이상 수평으로 확장할 수 없고, 수직 확장만이 가능하다. 아파트는 위로, 위로 더 뻗어 올라간다.

부동산이 자산의 대부분을 차지하는 우리나라에서는 아파트가 주거의 의미를 넘어 부를 증식하는 도구로 맹위를 떨칠 수밖에 없다. 그의 시나리오에 거의 한평생 등장하는 아파트를 나도 안다. 프리미엄을 알고 갭투자를 안다. 나라고 왜 고민이 없었을까.

> "어떤 사람과의 결혼에 대한 확신은 좋아하는 이유를 수십 가지 떠올리는 게 아니라, 내가 살면서 도저히 견딜 수 없는 것 하나를 이 사람이 가졌는지, 안 가졌는지에서 오는 것 같아."

불안에 방어할 기제가 필요했다. 가능성의 실패와 나의 비존재의 연결고리를 끊을 만한 가치가 필요했다. '그럼에도.' 가능성을 현실화해야만 하는 '그럼에도'라는 확신이 필요했다. 확신은 하나에서 온다. 결혼에 관해 남편이 한 말이 떠올랐다. 동행을 요구하던 지인의 시나리오는 자유의 유예가 핵심이다. 아파트는 내게 자유를 줄 수 없었고, 그것이 내게는 도저히 견딜 수 없는 한 가지였다. 키르케고르는 '불안은 자유의 현기증'이라고 말했다. 어떤 자유도 현실화하기까지 가능성으로 존재할 때, 우리는 필연적으로 불안을 경험한다. 자유는 언제나 불안을 내포

하고 있다. 오늘의 자유가 유예되어 내일로 미뤄지더라도 내일의 자유에서 불안은 사라지지 않는다. 결국은 피할 수 없는 위협이다. 도저히 견딜 수 없는 것의 가치가 반드시 가져야만 하는 것의 가치와 등호를 이루면, 그것은 확신이 된다. 불안의 방패가 된다. 집을 짓는다는 건, 오늘의 자유를 찾는 일이다. 그 안에 담긴 불안도, 실패의 가능성도 감싸 안겠다는 확신이다.

하늘에, 바다에, 산에 그리던 문을 열고 현관에 들어서던 날을 기억한다. 마루를 깐 다음 날이었다. 그전까지 신발을 신고 큰 창을 통해 현장을 드나들던 작업자들이 현관에서 신발을 벗기 시작했다. 나만이 볼 수 있던 문을 사람들이 여닫을 수 있게 되었고, 이제 현장은 집으로 불렸다. 현관의 문지방을 넘는 순간, 선택의 발자국이 찍히고 로망은 현실이 되었다.

늦었지만 예전에 들었던 조언에 대한 답을 그에게 들려주고 싶다. 소설가 하인리히 뵐의 어부 이야기와 함께.

유럽의 항구를 거닐며 한 여행객이 사진을 찍고 있었다. 낮잠을 자던 어부가 찰칵- 하는 소리에 잠을 깼고, 여행객은 날씨 좋은 날에 낚시를 나가지 않은 허름한 옷차림의 어부가 걱정스러워 물었다.
"왜 낚시를 가지 않으세요? 몸이 안 좋으세요?"

"아니요, 이보다 더 좋을 순 없소. 이미 오늘 아침에 낚시를 나갔다가 가재 4마리, 고등어 20여 마리를 잡았다오. 그러니 오늘은 나가지 않아도 괜찮소. 내일이나 모레까지 안 나가도 충분하다오."

여행객은 어부의 대답을 듣자 더욱 걱정스러워졌다. 아니, 답답했다.

"생각을 좀 해보세요. 당신이 지금, 내일, 모레, 매일 낚시를 나가면 무슨 일이 생길지요. 잡은 고기들을 팔아 배를 사고, 그럼 고기를 더 잡을 수 있고, 작은 가게를 열 수도 있겠죠. 가게가 잘되면 공장을 세우고 생선을 납품하고 도매상 없이 파리에 팔 수도 있어요."

어부는 물었다.

"그다음은 어떻게 되오?"

여행객은 들뜬 얼굴로 대답했다.

"그렇게 부자가 되어 이 항구에서 여유롭게 시간을 보내면서 태양을 즐기는 거죠. 저 아름다운 바다를 감상하면서요."

가만히 듣던 어부는 말했다.

"그게 바로 지금 내가 하는 일이요. 당신의 카메라 셔터 소리가 나를 방해할 뿐이라오."

여행객은 깊은 생각에 잠겨 자리를 떠났다. 그가 지금껏 일을 해온 이유는 언젠가 일을 하지 않아도 되도록 하기 위해서라고 생각해왔기 때문이다. 그는 더 이상 허름한 옷차림의 어부에게 동정을 느끼지 않았다. 단지 부러움이 남았을 뿐이다.

그러니까 당신의 시나리오는 내려두고 나와 동행하자고,
말해주고 싶다.

빛의  산책로

창문

옛날에 살던 주택들은 왜 그렇게 마호가니 색을 좋아했는지 모르겠다. 하교하고 적갈색 루버로 벽을 두른 집에 들어서면 눈을 네다섯 번은 끔뻑거려야 했다. 눈에 눈곱이 끼었나, 괜스레 손으로 눈을 한 번 훔친다. 한낮에 붉은 조명의 굴다리를 지날 때처럼 눈이 적응하는 데 시간이 걸린다. 분위기를 전환하기에 창문은 역부족이다. 빛이 집 안으로 파고들어봤자 좀 덜 어둡거나, 여전히 어둡거나.

거실은 종일 오후 다섯 시 같은 애매한 기운이 지속된다. 몸이 늘어지면서도 불분명한 시간의 감각 속에서 불안을 느낀다. 저 어두운 벽을 벌레가 기어오르고 있어도 내 눈에는 안 보이겠지, 싶으면 목덜미가 저릿하다. 이런 기억들은 사후에 되돌려보면 사건이 발생하는 원인의 한 꼭지 정도는 담당하게 된다.

사건은 지금 우리집에 창문이 서른한 개 달려 있다는 것
이다. 기윤재는 꽉 찬 집이다. 아침에는 빛으로, 밤에는 어
둠으로. 나는 확실한 빛과 확실한 어둠을 좋아한다. 이 사
실은 세상의 모든 밝음과 그 이면에 대한 사상이기도 하
다. 빛이 모든 걸 삼킬 때는 보는 것에 의존하면 된다. 완
벽한 어둠 속에서는 시각 외의 감각들이 제 할 일을 한다.
어중간하게 침침한 것이 문제다. 어떤 감각을 주로 사용
해야 하는지 판단이 흐려지면서 감각의 공백 상태를 겪는
다. 모호한 밝음이라고 해야 할지, 모호한 어둠이라고 해
야 할지 표현조차 소화불량을 일으키는 현상을 잘 견디지
못한다. 보르헤스는 훌륭한 예술은 모호함을 내포한다고
했는데 나는 예술을 낳을 수 있는 깜냥은 못 되나 보다.
하지만 살면서 나의 세계 하나 정도는 구축할 수 있지 않
은가. 창문들이 집 안을 빛과 어둠, 어느 쪽으로든 확신으
로 가득 채운다.

이제 나는 거대한 해시계 속에서 산다. 창문을 뚫고 들어온 빛의 꼬리들이 시시각각 집 안에 시간을 새긴다. 나는 짝사랑에 빠진 것처럼 이 빛의 경로를 졸졸 따라다닌다. 그에 따라 내 자리는 북동향의 작은 방, 남동향의 1층 식탁, 남서향의 다실, 서향의 거실 순으로 옮겨간다. 나만의 산책로인 셈이다.

창문은 하얀 벽과 함께 집 안의 안색을 완성한다. 따뜻한 색조의 흰 벽에 푸른 새벽, 하얀 낮, 붉은 일몰, 까만 밤이 드러났다가 사라진다. 그에 따라 내 얼굴도 푸르렀다, 발그레하고 또 검어진다. 조명으로 꾸미지 않는 민낯이 얼마나 아름다운지.

이 빛의 산책로에서 때로 놀라운 것을 발견하기도 한다. 창문을 투과한 빛의 도형이 집 안의 문틀이나, 벽과 벽이 접하는 선에 예리한 각도로 맞아떨어진다. 빛의 직진성은 그 자체로 모던하다. 루이스 바라간 하우스를 볼 때처럼 희열이 뿜어져 나오고, 빛의 지문들을 카메라로 박제한다. 날렵하고 적확한 것들에 마음이 쓰이는 건, 끝맺음이 무딘 나의 결핍에서 오는 갈망일까.

> "햇님이 요즘 일찍 일어나네. 원래 내가 먼저 일어났
> 는데."

아이가 전보다 밝아진 집의 안색을 알아차리고 창밖을 살핀다. 우리는 일관된 것들에 관심을 쉬이 잃고 변화하는

것들에 주의를 기울인다. 끊임없이 변하면 눈을 뗄 수가 없다. 이것은 매력을 넘어선 마력이다.

해가 지나는 길은 매일, 서서히 이동한다. 해의 마력을 인간들이 15일 간격으로 기록한 것이 24절기이다. 그 마력이 만물을 생동하게 한다. 개구리를 깨우고, 싹을 틔우고, 서리를 뿌린다. 추분이 지나면서 해는 눈에 띄게 자세가 삐딱해진다. 겨우내 힘겹게 일어나는 해가 산등성이 사이로 올라올 때까지 우리는 아침을 먹고 기다렸다. 붉은 해가 깊숙이 창 안으로 들어오면 햇님, 안녕! 하고 인사를 하곤 했다. 동지를 지나면서 해가 기울어진 자세를 점점 바르게 세우기 시작한다. 산의 등줄기를 짚고 올라서는 시간이 빨라진다. 소나무 새순이 올라오는 즈음엔 밥숟가락에 빛 한 점을 함께 얹어 먹을 수 있게 된다.

> "햇님이 새해에 일찍 일어나기로 다짐했는데, 이제야 그걸 지키나 봐."

아이의 눈높이에 맞춘 설명도 한 점 올려준다. 어쩌면 사족일까. 몸으로 느끼는 게 더 익숙한 아이는 어른인 나보다 자연에 가까우니까.

어른들 사이에는 자연의 변화를 감지하는 역치의 편차가 생겨난다. 어떤 사람은 떨어진 꽃잎과 젖은 낙엽을 밟을 때가 되어서야 아, 이 계절이 지났구나, 깨닫는다. 날씨를 덥다, 춥다고만 표현한다. 그는 삶이 종종 못 견디게 허무하고 외롭다. 어떤 사람은 앙상한 가지에 돋아나는 첫 새순을 보며 호들갑을 떤다. 벚꽃 잎이 하나둘 흩날릴 때, 마지막 꽃망울이 터졌구나, 알아차린다. 계절과 날씨를 표현하는 언어가 잎사귀에 나타난 잎맥만큼 갈래갈래 분화되어 있다. 전자라고 해서 후회하거나 좌절하지 않아도 된다. 진실은 자신의 의지에 따라 변해갈 수 있다는 점이다. 나처럼 말이다.

오전의 첫 일과로 모든 창문을 열어 환기를 시킨다. 1층에서 2층 서재, 아이방 계단을 올라가서 아이방 다락, 그 옆의 공용 다락, 다시 계단을 내려와서 그물침대 옆 창문까지. 집을 한 바퀴 순회한다. 산책의 정규 코스쯤 된다. 창 하나를 옮겨갈 때마다 집 안 곳곳을 확인하고 창 너머의 변화를 관찰한다. 아니, 관찰하려고 노력한다. 어제보다 목련꽃은 조금 더 풍성해지고, 은행나무 가지 끝은 점점이 초록빛이 늘어났다. 보이는 대로만 보아도, 우리 삶은 매우 충만하다. 삶을 허무에서 충만으로 건져 올릴 때 사랑을 노래하는 시 한 줄을 온전히 이해할 수 있게 된다. 어제의 창과 오늘의 창 사이. 나는 시간의 틈에서 집, 자연, 사람의 삶을 읽고자 한다. 스승님의 말씀처럼 삶이란 느리고, 사소하고, 무겁다. 삶은 창과 창 사이에 있다.

마지막 창문을 열고 고양이처럼 창대에 바싹 붙어 앉는다. 창문은 비와 바람을 막고, 빛의 온기와 선선한 공기만을 허락한다. 이 선택적 허용은 아이를 돌보는 엄마 같다. 온실 속의 화초라는 말에 발끈해도 우리는 이 온기를 어느 정도 그리워하지 않나. 따스한 기운이 발가락 끝까지 퍼져나갈 즈음 세상을 바라보는 내 시선도 부드러워진다. 눈을 감는다. 이런 봄날에는 깜빡 드는 낮잠에 관대해져야 한다.

봄 경치 온화하고 햇볕은 밝게 빛나는데

春陰輕暖日暉暉

수양버들 그늘 속에 사립문이 비껴 있네.

垂柳陰中白板扉

꽃 그림자 농밀한데 고양이는 졸고 있고

花影正濃猫著睡

산 빛깔이 뚝뚝 드니 제비는 서로 나는구나.

山光欲滴燕交飛

_ 서거정, 《사가시집(四佳詩集)》 제3권 즉흥시 〈즉사(卽事)〉 중

너와 나의 별세계

다실

필요한 공간들을 상상 속에서 집으로 조합해나갈 때, 다실은 가장 선명하게 그려지는 공간이었다. 그만큼 설계에 들어가면서 건축가에게 요청한 사항도 단호했다. 다실을 생활의 냄새가 배지 않는 독립적인 공간으로 만들어줄 것. 차는 환경의 영향을 놀랍도록 많이 받는다. 차나무 주변에 복숭아나무를 심으면 찻잎에서 복숭아향이 난다는 말이 있을 정도로 그 성질이 맑고 투명해서 제 아닌 것들을 거부하지 않고 담아낸다. 여리면서도 덕이 있다. 어린아이 같은 차의 순수함을 느끼고 싶은 나로서는 오욕(五慾, 식욕, 재욕, 수면욕, 명예욕, 색욕)이 일으키는 사람의 냄새에서 차를 분리하고 싶은 게 당연했다. 차를 마실 때만큼은 정신적으로도 독립된 공간에서 일상이 씌운 관념을 벗어나 주체적이고 싶어 한 까닭도 있다.

건축가는 고심 끝에 별채를 제안했다. 본채 내에 어떻게든 구획을 나누어 공간을 만들 거라 생각한 나의 고정관념을 보기 좋게 깨주는 묘수였다. 공간의 발상부터 내가 얻고자 하는 부분을 정확히 반영해주었다. 물론 별채를 지으면 본채만 지을 때보다 외벽에 면적을 조금 더 할애해야 하는 이슈가 생겨난다. 건축주 직영공사로 허가받기 위해 집의 연면적을 제한해두고 시작하는 설계였기에 1m²가 아쉬운 상황이지만, 나는 흔쾌히 받아들였다.


제주도 사람들 마음속에는 '이어도'라는 환상의 섬이 존재한다. 누구나 도착하면 돌아가기 싫다는 꿈의 섬, 영원

한 이상향. 바빠서 건너가지 못하는 날에는 본채에서 창
문 너머의 다실을 쳐다보면서 저곳이 바로 실체화된 '이
어도'가 아닌가 하는 생각을 한다.

꿈은 삶을 유지해주는 힘이 된다. 간직하는 것만으로도
살맛이 난다. 고작 몇 미터 떨어진 다실에서의 시간을 기
약하며, 지금의 일에 박차를 가하게 되는 것이다. 건축은
사는 방법을 만든다는 건축가 승효상의 말은 정말이지 맞
는 말이다. 해야 할 일들을 마치고 퐁당퐁당 마당에 놓여
있는 둥그런 돌 디딤판을 밟으며 다실로 건너간다. 본채
에서 멀어질수록 나는 별세계에 가까워진다.

다실은 3.3평 남짓한 크기이지만 완전한 한 채의 건축물
은 당당함을 지녔다. 다실(茶室)보다는 다옥(茶屋)이라고
칭하는 게 알맞다. 벽 한 면 전체가 문으로 개방되어 안
팎의 구별이 사라지고, 문의 맞은편에는 크기가 벽의 반
쯤 되는 유리창이 스무 해 훌쩍 넘게 함께 살아온 한 아름
소나무를 초대한다. 자연을 거스르지 않고 주위의 풍경을
그대로 경관으로 삼는 기법인 차경(借景)의 묘미를 잘 드
러낸다.

문을 활짝 열어두면 바람도 잠시 쉬다 가는 이 공간을 나
는 '작은 기윤재'라고 부른다. 곁에 둔 본채 기윤재와 비
교가 되어 더욱 작아 보이지만 공간이 가진 의미는 이름
만큼 작지 않다. 중국 건축가 왕수(王澍)는 청나라 화가 심
복(沈復)의《부생육기(浮生六记)》중 한 구절, "작은 것 가운

데서 큰 것을 본다."를 들어 소소한 인간이 자기 몸에서 시작해 외부로 척도를 확장해나가야 진정한 경험이 된다고 했다. 162cm 인간이 3평 공간에서 몸으로 할 수 있는 것과 마음으로 볼 수 있는 것의 한계를 실험하는 장소가 바로 작은 기윤재이다.

다실은 예로부터 정신의 압축된 산물이었다. 차살림학자 정동주 선생님은 독자적인 차의 세계를 위해서는 차라는 음료, 차를 우리는 도구, 그것들을 다루는 법이 정립되어야 한다고 하셨다. 그러나 스승은 대부분의 시간을 이 세 가지를 아우르는 정신에 대해 말씀하신다. 그것 없이는 모두가 모래 위의 성과 같다는 가르침이다. 그러므로 차, 도구, 법을 품는 공간을 만들기 위해서도 그들 위에 있는 정신을 이해해야 한다.

차를 통해 추구하는 경지는 그 이름에 오롯이 담겨 있다. 차(茶)라는 한자는 두 가지 음으로 읽히는데 '차'와 '다'이다. 여기서 '다'라는 음절은 단순히 차나무에서 나오는 잎사귀를 뜻하는 것이 아니다. 차살림학에 따르면, '다'의 기원은 산스크리트 문자 'ढ(/dha/)'로 깨끗한 물, 신성한 물을 뜻한다. 불교와 함께 중국으로 넘어간 이 비범한 문자는 석가모니가 남긴 말씀, 즉 '법'의 마지막 문자가 되어 힘든 이승의 경계를 벗어나 피안에 이르는 열쇠의 상징이 되었다. 이 심오한 의미를 중국이 '茶' 자로 받아내어 '다'라는 음이 하나 더 생겨난 것이다. 茶는 '차'가 아닌 '다'로 읽힐 때, 목을 축이는 음료보다 정신을 고양하는 수행으로서의 의미를 가진다.

한 줌의 흙 속에 우주가 들어 있다는 화엄경의 말씀대로라면 한 잔의 차 속에도 역시 우주가 들어 있다. 우주는 모든 것의 관계로 이루어져 있으니 '다'실은 이곳과 저곳, 나와 너, 내 속의 나를 가르지 않는 평화의 공간이어야 한다.

차를 우릴 물을 올리기 위해 손에서 휴대전화를 내려놓는다. 한껏 열어젖힌 문으로 자연을 초대한다. 호박처럼 펑퍼짐한 유리 탕관의 물이 끓기를 기다리며 새소리에 귀를 기울인다. 목소리들이 수다스럽게 제각각이다. 물이 보글보글 끓자 물고기 눈 같은 물방울들이 쉴 새 없이 수면을 치고 올라온다. 물을 부어 차를 우려내는 동안 바람의 숨을 맡는다. 바람도 앉아서 차 한잔하며 쉬다 갈 수도 있겠지. 우린 찻물을 가만히 들여다보며 그 안에 깃든 세계를 가늠한다. 이윽고 나도 녹여낸다. 이 차 한잔과 함께 자연의 너른 마음에 안길 수도, 내면의 깊은 우주에 닿을 수도 있다. 홀로 앉아 있지만 외롭지 않다. 마음을 열면 수많은 '나'를 만날 수 있기 때문이다.

작은 기윤재에서 차와 마주하는 시간은 최적의 경험이다. 외적인 조건에 압도되지 않고, 내적인 질서에 귀 기울일 수 있는 몰입의 시간이다. 질서 속에서 휴식하고 다시 올 것이 뻔한 무질서의 환경을 받아들일 힘을 비축한다. 평범한 이의 질서는 유약하지만, 매일의 선택과 경험에 진

지하다면 조금은 더 일관된 삶을 살 수 있지 않을까. 그렇게 이 소중한 공간에서 오늘도 자기 확신을 담는다. 마음과 시간을 들여 가꾸는 작은 다실이 나를, 또 내가 바라는 모습을 닮아간다.

300여 년 전 김홍도의 그림에 작은 기윤재가 추구하는 조형적 모습이, 닮고 싶은 품격이 고스란히 그려져 있어서 볼 때마다 놀란다. 〈취후간화도(醉後看花圖)〉. 시원하게 나 있는 창문 밖으로 멋스럽게 구부러진 매화나무가 보인다. 그 아래 소철을 지키는 바위 옆에서 찻물을 끓이는 다동(茶童)이 대롱으로 불을 지피고 있다. 어리지만 불 피우기에 능숙해 보인다. 뒷마당에는 대나무가 병풍처럼 펼쳐져 있고, 여백의 마당에 두 마리 학이 한가로이 노닌다. 한 마리는 다시 오를 창공을 동경하고, 곁의 짝꿍은 제 몸 살피기에만 관심이 있다.

소박한 초당의 주인은 중국 송나라의 시인 임포(林逋)로 알려져 있다. 그는 매화를 아내로 삼고, 학을 아들로 삼아 평생을 항주 서호(西湖)라는 호수 근처 산속에 은둔했다고 한다. 그의 집에서 내려다보이는 서호는 얼마나 절경이었을까.

초가지붕 아래 여린 휘장 사이로, 두 사람이 취기 어린 발간 볼을 마주하고 있다. 임포는 간간이 멀리서 찾아오는 벗이 주는 일상의 파격을 즐겼을 것이다. 은둔하는 거사는 넓지만 얄팍한 속세를 떠나왔을 뿐, 은은하고 깊은 관계마저 외면하고자 숨어 사는 것이 아니다.

나 역시 보통의 날에 고독의 시간을 즐긴다고 벗을 만나는 특별한 날을 포기하고 싶지는 않다. 그들은 세상을 따뜻하게 볼 수 있게 하는 살아 있는 증거들이다. 혼자 마시는 차도 좋지만 친구와 함께하는 차 역시 깊고 달다.

차는 불가에서만 의미 있는 음료가 아니었다. 임포가 살던 서호 지역은 중국의 10대 명차에 속하는 서호용정이 나는 유명한 차 산지이다. 성리학을 완성한 주자(朱子) 역시 정산소종, 대홍포 등 수많은 명차를 탄생시킨 복건성 무이산에 무이정사를 짓고 학문을 연구했다. 유학자들이 차 산지에 은거한 것은 우연이 아니라고 생각한다. 사상과 종교를 가르지 않는 차를 사랑하지 않을 사람은 없었을 것이다.

임포의 발간 볼은 옆에 둔 술병 때문이겠지만 취기만큼 사람을 즐겁게 하는 것은 차기(茶氣)이다. 두 사람은 용정차도 마셨을까? 윤이 나는 납작한 녹색 잎들이 유리잔 안에 꼿꼿이 서서, 지니고 있던 푸름을 풀어놓는 것처럼 임포도 진심으로 다가오는 벗들에게 자신을 우려내는 올곧은 사람이었을 것이다.

복잡한 도시에서 떠나 작은 다실에 앉아 있지만, 나의 별세계에 성큼 발을 들여줄 진실한 친구와의 차 한잔을 고대한다. 물론 물은 다동이 아니라 내가 끓인다.

집의 정신

이름

은 은, 보배 진, 은진(銀珍). 두 글자에는 부귀영화가 담겨 있지만 나로서는 불만스러웠던 내 이름이다. 조형적으로 펑퍼짐해 보이는 글자처럼 'ㅡ' 발음은 입도 옆으로 주욱 늘어나야 한다. 아래 따라붙는 'ㄴ'까지 명확하게 발음하려면 이름을 처음 소개할 때 꽤 신경이 쓰인다. 성까지 붙여 쓰면 여백 없이 꽉꽉 들어찬 이름이 너무 무거워 보여서 여리여리한 인상을 갖고 싶은 소녀에게는 만족스러울 리가 없었다.

'은지'나 '유진'처럼 종성 하나 빼고 지어주지 그랬어, 하고 불만을 말했을 때 엄마는 미륵보살 반가사유상을 보여주셨다. 이게 은진미륵 반가사유상인데 미소가 얼마나 평온하고 그윽하냐며, 네 이름은 이런 분위기를 가지고 있으니 좋게 생각하라고 하셨다.

이후로 내가 속상해서 울 때면 엄마는 '은진- 미륵-' 하고 외치셨다. 연달아 'ㅡ' 발음을 하는 엄마의 입이 미소 지은 반가사유상의 길쭉한 입꼬리같이 보이면서 신기하게도 마음이 누그러졌다.

십수 년 만에 은진미륵은 한 다리를 올리고 앉아 있는 반가사유상이 아니라, 논산시 은진면에 서 있는 미륵 입상이고, 심지어 은진면의 은진은 한자도 달라서 내 이름과 미륵보살은 전혀 상관이 없다는 사실을 알았다. 출생의 비밀을 안 듯 배신감을 느꼈다. 하지만 오늘까지도, 내 이름 두 글자에는 금은보화가 가득하고 나는 'ㅡ' 발음에서 미소를 연상한다. 이름을 지어준 사람의 의도와 주어진 이름과의 애증 속에서 나름의 이유를 찾고 그와 부대끼며 살아간다.

옛사람들은 부모나 조부모가 지어준 본명 대신 스스로 지은 호를 주로 사용했다. 지금으로 치면 필명이나 온라인상의 별명과 같다. 본명을 부르는 것을 예의가 아니라고 생각하는 풍습 때문이기도 하지만, 아마도 내 이름은 내가 결정하겠다는 의지가 반영된 것이리라. 능동적으로 부여한 의미를 증명하는 데는 목적의식이 충만해지는 법이다. 호에는 사람의 신조나 목표, 이상을 담았고 이름 주인은 그에 걸맞은 삶을 살기 위해 노력했다.

정약용은 '다산'이라는 호로 알려졌지만 '여유당(與猶堂)'이라는 당호도 있다. 당호(堂號)는 공간의 이름이기도 하고, 그 공간에 거처하는 사람의 이름이기도 하다. 공간과 사람이 같은 이름을 씀으로써 둘은 동격이 된다. 여유당은 노자(老子)의 《도덕경(道德經)》에서 집자하여 지은 것으로 '겨울에 살얼음 낀 시내를 건너는 듯이 조심하고(與), 사방을 경계하는 듯이 신중하게(猶) 살겠다.'는 정약용의 생활신조를 담아내고 있다.

집이란 보통 보이는 외형을 중심으로 판단하지만, 참모습을 보려면 그 안에 흐르는 정신을 읽어야 보인다. 집의 정신을 함축해서 담아낸 것이 바로 집의 이름이고, 그 이름이 곧 집주인의 정신이다.

당호로 더 많이 알려진 여성 인물로는 신사임당과 허난설헌이 있다. 사임당(師任堂)은 주나라 문왕의 어머니 태임을 본받겠다는 뜻을 새기며 아들 율곡 이이를 훌륭하게 키워냈고, 난설헌(蘭雪軒)은 눈 속에 피어난 난초처럼 절명하기 전까지 고독 속에서도 아름다운 시를 남겼다. 그녀들은 손수 지은 이름 안에서 자신을 증명해냈다.

집의 이름이 이렇게 묵직한 것이라면 그 이름을 짓는 일은 내게 부담스러운 임무였다. 살면서 해본 적이 없으니까. 아이 이름을 지을 때마냥 신경이 곤두섰다. 그래도 우리 집이 프로젝트 일련번호 정도로 불리거나, 동네와 지번 정도로 칭해지는 건 싫었다. 보통은 입주 전까지 이름을 천천히 짓는다고 했지만 이름이 정말 필요한 시점은 설계에 들어가기 전이라고 믿었다.

건축가 프랭크 로이드 라이트는 "인간이 땅 위에 세운 모든 건물에는 그들의 정신과 패턴이 크고 작게 발생한다."고 규정했다. 건물을 구체화하기 전에 추상적인 우리의 정신과 생활 패턴을 건축가에게 명료하게 전달해야 했다. 우리의 철학은 건축가에게 고스란히 이식되어야 하고, 공간은 반드시 그 이름 안에 지어져야 한다.

어떤 이름을 짓느냐는 건 앞으로 집짓기라는 긴 여정을 걸어야 하는 우리에게 기준을 세우는 일이기도 했다. 집이란 거주하는 사람의 생활 방식과 가치관에 최적화된 공간이어야 한다. 이 결과를 얻기 위해서 건축주는 집을 짓는 동안 수많은 의사결정의 시험대에 서게 된다.

상품으로 치면, 집짓기는 절대적으로 '초' 고관여 상품이다. 누가 고민을 대신해줄 수 없다. 집은 한번 지어지면 수정이 거의 불가하기 때문에 다른 이의 말이나 대중의 취향에 결정을 미루고 싶을 때가 반드시 온다. 이럴 때 이름이 중심을 잡아준다. 상식과의 비교를 피하면서 내 결정에 확신을 두고 건축가, 시공사와의 관계를 주도적으로 이끌 수 있다.

건축가에게 보내기 위해 정리한 가족 소개와 집에 대한 요청사항을 다시금 훑어 내렸다. 일상의 루틴을 확인했다. 대화를 통해 집에 대한 가치관을 글로 정리했고, 이상적인 공간의 시각 자료들을 더해 프레젠테이션 파일을 작성했다. 글과 그림은 우리의 의도와 취향을 효율적이고 효과적으로 건축가에게 전달할 것이다. 이제 비어 있는 첫 페이지에 이 모든 것을 아우르는 이름만 넣으면 된다.

우리 이름 속에 답이 있지 않을까?

가족들 이름을 하나씩 적어보았다. 남편은 비밀의 문이나 출동봉 같은 기발한 요소들을 설계에 녹여주길 바랐다. 그런 그의 이름에 새롭고 뛰어나다는 뜻을 가진 奇(기특할 기) 자가 담겨 있었다. 햇살이 넉넉하게 비추는 밝고 따뜻한 집에서, 여유롭게 살고 싶은 우리의 바람은 아이의 이름에 潤(윤택할 윤)으로 현현해 있었다. 해답은 정말 우리 안에 있었다. 기윤(奇潤). 좋다.

전당합각 재헌루정(殿堂閣閣 齋軒樓亭). 건물의 이름 끝에 붙이는 이 한자들에는 위계가 있다. 조선시대는 철저한 계급 사회였고, 공간도 지위에 따라 격이 맞는 한자를 사용했다.

'전'은 품위가 가장 높은 이름으로 사극에서 많이 들어본 '강녕전', '교태전'처럼 왕과 왕후가 기거하는 건물을 뜻한다. 왕 내외가 사용하는 공간 외에 '전'을 붙일 수 있는 건물은 부처님을 모신 '대웅전'이 유일하다. '당'은 후궁이 거처하는 공간이고 전을 쓸 수 없는 사가에서는 가장 높은 지위를 가졌다. '합'과 '각'은 전과 당의 부속 건물이나 독립 건물이다. 우리에게는 '하(下)' 자를 붙여 공간의 주인을 이르는 '합하'나 '각하'라는 호칭으로 더 친숙하다.

'재'는 주거 또는 독서와 사색을 위해 마련된 공간이다. 창덕궁의 낙선재가 대표적이다. '헌'은 공적 업무를 보던 공간이며 주로 대청마루가 있는 건물에 붙인다. '루'는 유희를 목적으로 하는 2층 건물로, 경복궁의 경회루를 떠올리면 되고, '정'은 경치 좋은 곳에 있는 건축물이다. 수양대군을 도와 계유정난을 일으킨 한명회가 세운 압구정은 이제 터만 남아 지명으로 사용된다.

이 외에도 집이라고 할 때 우리는 '가(家)'를 떠올린다. 한자에 돼지를 뜻하는 부수가 들어간대서 평범한 민가를 뜻함을 알 수 있다. 요즘은 앞의 한자들을 특별히 구분 짓지 않으면서도 '당', '재', '헌', '가'를 많이 쓴다. 나는 '재' 자를 골랐다. 겸손하게 중간쯤 위치한 품격이며 휴식과 사색의 의미가 담겼다는 점이 마음에 들었다. 조형, 발음으로 볼 때도 '기윤'과 가장 잘 어울린다.

　　기윤재(奇潤齋). 기발함과 넉넉함을 담은 집.

첫 페이지에 이름을 채워넣고 나지막이 소리 내어 읽어본다. 석 자가 마치 사람 이름 같아서 설렌다. 이름으로 세운 집. 김춘수의 시 〈꽃〉처럼 빛깔과 향기에 알맞은 이름을 불러주니, 아직 지어지지 않은 집이 나에게로 왔다. 기윤재, 너이기도 하면서 나이기도 한 그 이름으로 모두에게 잊히지 않는 하나의 의미가 되어주길 바란다.

상량을 상량하는 시간

상량문

"상량식 하실 건가요?"

"네? 상량식을 하냐고요?"

현장소장의 말을 앵무새처럼 따라 했다. 건축에 참여하는
경험이 처음이다 보니 상량식을 알 리가 없기 때문이다.
현장소장은 상량식이 예부터 골조가 마무리될 때 하는 고
사인데 요즘은 생략하는 집도 많다고 했다.

생략. 나는 이 단어에서 참을 수 없는 가벼움의 냄새를 맡
는다. 건축주에게 부담을 주기 싫어서 한 말일 텐데 오히

려 자극이 되었다. 집을 짓는 사이 생기는 일들을 가볍게 넘길 수 없었고, 넘어가고 싶지도 않다. 생략하는 이유가 상량식에 후회할 만한 요소가 있기 때문이라도, 하고 나서 후회하는 편이 낫다.

우리 조상은 탁월한 이야기꾼이라고 믿는 것도 한몫했다. 대상에 스토리를 얹어 의미와 가치를 부여하는 의식은 대상을 공유하는 사람들과 오래도록 기억할 만한 이벤트가 된다. 상량식은 단순히 공사의 한 단계를 갈무리하기 위해서만 아니라 어떤 특별한 의미를 일깨우기 위해서리라.

"할게요!"

집의 골조를 세우는 순서는 먼저 기둥을 세우고 기둥 사이가 짧은 변에 보를 얹는다. 건물의 긴 변이 되는 보와 보 사이에는 도리를 놓는다. 그 위로 지붕을 만들기 위해서 대들보보다 작은 보들을 놓고 도리 쌓기를 반복한다. 그중에서도 최상부에 놓이는 종도리, 지붕 꼭대기에 올리는 부재(골조의 재료)를 상량(上樑)이라고 한다. 종도리를 올리면 골조가 완성된다. 비어 있는 공간을 무거운 지붕으로 덮는 일은 집짓기에서 기술적으로 가장 어려운 고비이다. 이 고비를 안전하게 넘었음을 자축하는 자리가 바로 상량식(上樑式)이다. 이후부터는 도리에 서까래를 걸고, 기둥에는 벽을 두르고, 바닥에는 마루를 깔면서 뼈에 살을 붙여간다.

상고 시대 때부터 있었으리라 추측되는 상량식의 시점은 당연히 기둥과 보로 이루어지는 전통가옥의 구조를 기준으로 정했다. 요즘은 목조나 콘크리트조를 따지지 않고, 지붕의 가장 높은 곳이 완성될 때 치른다고 한다. 한쪽 경사가 긴 지붕의 기윤재에서는 아이의 놀이방 위가 지붕의 꼭짓점이 된다. 목재들이 잘 마른 건조한 겨울에 골조 작업이 진행되어 순탄하게 완성될 참이었다.

잘 깔린 마루나 벽이 없어도 집이 될 수 있지만 지붕이 없다면 집은 성립되지 않는다. 애초에 '집'이라는 단어도 지봉과 어원이 같다. 옛 문헌에서 '집'은 의미상 '지붕'으로 해석되는 경우가 많다. 家(가), 堂(당), 宅(택), 室(실). 집을 지칭하는 한자들에 공통적인 부수로 쓰이는 지붕 모양의 갓머리(宀)는 그 자체로 집을 뜻한다. 지붕은 집을 구성하는 가장 중요한 요소이다.

우리가 천자문에서 외우던 집 우 집 주(宇宙), '우주'도 원시 주거 형태인 움막에서 비롯되었다. 움막의 원형은 뼈대와 지붕이다. 수숫대나 나무 말뚝으로 세운 집의 뼈대를 주(宙), 그 위를 풀로 엮어 덮은 것을 우(宇)라고 하여, 하나가 부족하면 우주는 완성되지 못한다.

인간은 비바람, 강렬한 햇빛 같은 혹독한 자연조건에서 피난처 역할과 더불어 주변 환경을 통제하거나 향유하는 관계를 맺기 위해 집을 짓기 시작했다. 발을 딛으며 안정되게 먹고 입고 잘 수 있는 생활을 보장하는 지면, 인간관계의 경계를 나타내는 기둥에 더해 크기와 높이를 가늠할 수 없어서 불안하게 만드는 하늘과의 경계를 만들고 나서야 비로소 아늑한 집이 완성된다. 3차원적으로 자신의 영역이 확고해지면서 집 지은 이의 사고 범위도 땅과 사람, 하늘에 맞닿는다. 그러므로 집은 하나의 세계관이자 우주 그 자체이고, 지붕이 완성되는 날은 그 우주가 태어나는 날이다.

상량식이 그간의 노고를 자축하는 자리로 그치지 않고, 집이 출생하는 순간을 신고하고, 집에 하나의 격(格)을 부여하는 시간임이 분명해진다. 상량식에는 종도리에 상량문을 적는데, 상량하는 날짜, 집주인의 이름, 축원 등이 담긴다. 한옥의 상량식에서는 대목수와 목수장들의 이름을 적어 넣거나 상량의 시간까지 넣어서 집의 사주(四柱)를 담는다고 한다. 이를테면 집의 출생증명서인 셈이다. 우리는 상량문을 부재에 직접 적는 대신, 목수 팀장이 잘 다듬어준 목재판에 적기로 했다. 상량식을 마치고 제일 높은 지붕 부재 곁에 달 예정이다. 상량문은 자유롭게 적어도 좋지만, 전통 형식으로 한번 써보고 싶었다.

龍 西紀二千十九年 一月九日 立柱上樑

應天上之五光 備地上之五福 龜

2019년 1월 9일 입주상량.

하늘은 오광으로 응하고, 지상에는 오복을 주소서.

손이 꽁꽁 얼어서 글씨를 쓰는 데 애를 좀 먹었다. 마지막에 거북 귀 '龜' 자는 생전 처음 보는 글자라서 쓴다기보다는 그리는 수준이었다. 풀이하면, 상량문 위아래에 용(龍)과 거북(龜)은 물의 신이라서 화재 방지를 기원한다. 오광은 오행 사상의 나무, 불, 흙, 금속, 물을 뜻한다. 하늘에서 좋은 기운을 받아 인간의 세상에서 말하는 다섯 가지 복을 바란다는 글귀이다. 오복은 《서경(書經)》에 나오는 壽, 富, 康寧, 攸好德, 考終命(수, 부, 강녕, 유호덕, 고종명). 오래

살되 남에게 누를 끼치지 않고, 재물뿐만 아니라 마음이 넉넉하고, 가족들이 모두 건강하고 편안하며, 덕을 쌓고 베풀면서 천명을 다할 때까지 살다가 편하게 죽음을 맞는 것을 인간이 품을 수 있는 가장 큰 복으로 여겼다. 상량판 모서리에는 '가화만사성'을 더했고, 아빠도 짧게 축원문을 써주셨다.

상량판을 세워놓고 막걸리를 한잔 올렸다. 집에서 이 많은 것을 이루기를 기원하면서 바라는 만큼 집에 대한 책임감을 느꼈다. 책임감은 내 안에서 '집'이 소유에서 존재로 거듭났음을 의미한다. 삶을 함께하는 존재가 되는 순간, 사고파는 거래의 대상이 될 수 없고, 가치로 환산할 수 없게 된다. 얼마면 집을 팔겠냐는 지인들의 가벼운 물음에 가볍게 대답하지 못하는 까닭이다. 잘 부탁한다. 나도 잘할게.

준비한 보쌈과 수수팥떡을 현장에서 작업하시는 분들과 나눠 먹으며 감사한 마음을 전했지만 아쉬운 마음이다. 이웃들에게 쉽게 다가가지 못하는 성격 탓에 기윤재를 공동체의 한 구성원으로 소개할 기회를 놓쳤기 때문이다. 사람이 혼자 존재할 수 없듯이 집 또한 그렇다. 장소성을 가진 집은 존재의 탄생과 동시에 마을의 풍경에 자연스럽게 더해지면서 원하지 않아도 공공의 성격을 일부 지니게 된다. 옛날에는 상량식이 마을의 큰 잔치였던 이유이다. 마을 사람들은 상량식에 참여해서 마을에 태어난 집을 축복하고 그 안에 새로 들일 사람들을 맞이할 마음의 준비를 한다. 살면서 한 번 더 집을 지을 기회가 생길까. 그렇다면 우리의 작은 세계가 태어난 의미를 더 많은 사람과 함께 상량(商量)하는 시간을 보내고 싶다.

손실의 감정을 불러일으키는 곳

베란다

아이들에게는 두 손에 물건을 꼭 쥐고 놓지 않는 유난한 시기가 있다. 손은 겨우 두 개, 그 이상은 쥘 수 없다. 코앞에 더 좋은 것이 있어도 쥐고 있는 것을 놓기 두려운 감정이 엄습한다. 주먹만 움찔움찔하다가 울상을 짓는 모습이 귀여우면서도 손에 쥔 것들이 뭐 그렇게 대단하다고 저렇게 아등바등할까 안쓰러운 마음도 든다.

한 손은 펴기. 더 큰 손실을 막기 위해서도 이 행위는 필연적이다. 장애물에 발이 걸린 아이는 결국 쥔 손을 펴지 않아서 주변을 짚지도 못하고 고꾸라져버린다. 스스로 만든 속수무책(束手無策)이다.

대니얼 카너먼은 프로스펙트 이론에서 얻는 것의 가치보다 잃어버린 것의 가치를 크게 평가하는 것을 손실 회피 성향이라고 명명했다. 실질적으로 같은 크기의 가치라도 잃는 것에 대해서는 정서적으로 두 배 높게 평가한다고 한다. 이 유별난 시기를 지나도 우리는 여전히 잃는다는 감정에 취약하다. 손실에 대한 과잉 심리는 심지어 갖지 않은 것마저도 손실감을 상상하게 만든다.


콘크리트로 짓는 아파트에서처럼 경량 목조건축에도 내력벽이 존재한다. 내력벽은 집의 바닥과 지붕에서 오는 하중을 수직으로 견뎌내는 벽이다. 집에서 필요한 공간이 정리되면 내력벽의 위치를 잡아 고정하고 이를 중심으로 공간이 배치된다.

기윤재는 1층 게스트룸의 벽이 내력벽이 되는데 그대로

2층으로 관통해 올라가서 아이방을 구획하는 벽이 된다. 아이방이 생각보다 작아 보여서 설계를 수정하기로 했다. 내력벽은 이동이 불가하기 때문에 아이방을 키우려면 반대편 벽을 확장해야 한다. 기윤재는 디자인상 2층이 1층 바로 위에 놓이지 않고 약간 비껴나게 얹혀 있어서, 2층 끝에 있는 아이방 일부가 허공에 떠 있는 형태이다. 그러니까 방의 바닥이 1층의 처마가 되는 꼴이다. 방을 확장하면 처마가 늘어나게 된다.

기윤재의 연면적은 200m²로 제한되어 있다. 건축법상 건축주 직영으로 시공할 수 있는 최대 연면적이다. 내벽을 움직여서 아이방의 크기를 조정하지 못하고 외벽을 확장하자 2층에 할당된 면적을 초과하게 되었다. 2층의 어딘가는 초과분만큼 설계도에서 지워내야 한다는 말이다. 우리는 0.1m²의 밀당을 수없이 반복하면서 합계가 항상 일정한 일정합 게임을 하고 있는 것이다.

이때 출현한 공간이 베란다이다. 베란다는 1층의 지붕을 바닥으로 두는 야외 공간으로 연면적에 포함되지 않는다. 200m²를 맞추기 위해 아이방 옆에 있는 아이 서재가 줄어들고 베란다의 크기가 커졌다.

베란다는 발코니와는 다르다. 아파트에서 베란다라고 부르는 공간은 외벽에 돌출되게 설치한 부가 공간이 층층이 연속되고 그 사이사이에 유리를 끼운 폐쇄형 발코니라고 부르는 게 맞다. 발코니가 의도적으로 만든 공간이라면 위아래 층 면적의 차이로 생겨나는 베란다는 필연적으로 만들어지는 공간이다. 각각의 특성답게 건축법에도 사용 권한이 다르다. 발코니는 실내로 확장이 가능하지만 베란다는 확장이 불법이다.

사실 이 베란다 크기는 실내 면적의 합계에 영향을 주지 않으므로 설계에서 허수와 같다. 집의 형태를 바꿀 뿐이고, 베란다가 늘어난 만큼 다른 공간은 필요한 면적을 보유하게 된다. 의장적 특성으로 볼 때는 불가피하게 생겨난 이 허수의 공간이 꽉꽉 채워진 건물 외관에 쉼표 역할을 할 수도 있다. 비어 있는 공간은 가능성을 뜻하지만, 자본주의적 시선으로 보면 현재로서는 아무 이득을 주지 않는 손실로 비치기도 한다.

예전에 한동안 개성공단의 한 의류공장에 생산 관리 지원을 나갔다. 개성공단으로 들어가기 위해서는 파주 도라산 남북출입사무소에서 시작되는 긴 도로를 건너야 한다. 매 시각 정시에 차들이 동시에 출발하고 한 차선만 사용해 서행으로 지나가게 되어 있다. 느린 화면으로 지나가는 풍경은 오로지 황무지, 정말 아무것도 없는 누런 벌판뿐이다. 빽빽이 건물이 들어선 서울에서 고작 60여 km 떨어진 곳에 이런 허허벌판이 있다니.

지날 때마다 놀라는 내게 회사 부장님이 말씀하셨다. 모 대기업의 창업주는 이 드넓은 황무지가 아까워서 어떻게 눈을 감으셨을까, 라고. 내 것이 아닌 것에도 깃드는 아깝다는 생각. 끊임없이 개척하고 확장하는 본능을 가진 인간은 아직 쓸모가 없는 모든 것에서 손실의 감정을 마주한다. 아이고, 아까워라. 어떻게 해볼 수는 없을까, 하면서.

늘어날수록 잃어버리는 것. 나는 베란다가 아까웠다. 집에 흡연자가 없으니 잠시 나와서 담배를 피울 만한 공간이 되지 못한다. 문만 열면 넓은 마당이 있고, 마음대로 확장해서 쓸 수도 없는데 청소는 해야 하니, 베란다는 그야말로 얻을 것이 없는 무쓸모의 공간. 대신해서 얻어지는 다른 공간의 이득은 너무 당연하게 느껴지고, 손실인 것만 같은 공간의 가치는 쓰라리게 다가왔다. 할 수만 있다면 아이방은 커지고, 서재는 그대로이고, 베란다는 줄어들기를 바랐다. 불법 확장에 대한 생각도 슬며시 올라왔다. 불법이라는 이름 뒤에는 늘 욕심이 도사리고 있다.

무엇 하나 놓치기 어렵고, 그러기도 싫어서 바쁜 삶이었다. 밤새워 줄을 서서 아이돌 콘서트를 보고 난 다음 날, 각성제를 먹으며 문제은행을 푸는 반장이었다. 대학에 가서는 장학금을 받고 무대의상 아르바이트로 모은 돈으로 배낭여행을 떠났다. 프로 축구를 보겠다고 전국을 쏘다니기도 했다.

사회 초년 시절에는 출퇴근 시간 왕복 3시간, 야근이 일상이었어도 짬짬이 연애도 잘하던 나는 잠자는 시간 말고는 언제나 on 상태였다. 지칠 줄 모르는 체력 하나 믿고 두 손을 꼭 쥐고 달렸다. 2보 전진을 위한 1보 후퇴 따위는 없었다. 아무도 나에게 쉬라고 말하지 않았다. 휴식이란 '죽으면 어차피 쭉 쉬는데요.' 정도의 농담으로 웃어넘길 수 있는 시간 낭비, 낭비는 곧 손실이었다. 소유와 손실에 감정적으로 매몰되면 결과적으로 더 큰 것을 잃을 수도 있다는 것을 나는 알지 못했다.

드디어 주먹을 펴고 그 안에 바스러진 것들을 들여다보게 되었다. 한 번씩 힘을 빼는 게 네 인생의 낭비가 결코 아님을 그렇게도 알기가 어려웠냐고, 나의 의식이 준엄하게 말했다. 스물여섯 살의 여름, 나는 갑상선암 진단을 받았다. 당시에는 무척 생소한 이름의 암으로 의사는 착한 암으로 불리니까 걱정하지 말라고 했다. 그렇지만 수술 전 동의서에는 수술 중에 생겨날 수 있는 최악의 상황들만 나열되어 있었다. 가족들의 마음에는 각자의 두려움이 도사렸지만 아무도 감히 소리 내어 말하지 않았다. 사소한 목숨은 없지만 사소한 일로도 목숨을 잃을 수는 있으니까.

2008년 8월 8일, 중국에서 행운의 숫자라고 여기는 8자가 3번 들어간 베이징올림픽 개막식 날 아침, 수술대에 올랐다. 눈부시게 강렬한 하얀 불빛 아래서 나는 여기 왜 오게 된 걸까 생각했다. 내가 잃을 수도 있는 제일 커다란 것이 떠올랐다. 가장 가치 있는 것, 대체 불가능한 것. 잃는 것에 대한 진짜 두려움은 수술대 위에 있었다. 이건 기회인가, 행운의 숫자들이 모인 오늘이 선사하는 축복인가.

마취에서 깨어나자 거칠게 몸을 흔드는 간호사의 얼굴이 보였고, 그녀의 움직이는 입은 웅웅- 하는 소리로만 들려왔다. 폐가 오그라들어서 내뱉기에 밭은 숨, 가슴과 목이 타들어가는 듯한 통증, 트이지 않는 목소리. 다시 만난 엄마의 미간 주름 사이에 안도와 불안이 함께 포획되어 있었다. 엄마는 손을 펴지 못해 고꾸라진 아이 보듯 나를 바라보았다. 그동안 엄마의 눈에는 내가 위태로워 보였을까.

통증으로 잠들지 못해서 늦은 밤까지 올림픽 개막식을 지켜보았다. 오륜기 아래서 웃는 선수들. 올림픽 슬로건처럼 더 빠른, 더 높은 목표를 위해 더 힘차게 달려온 저들이 잃은 것은 무엇일지 짐작해보았다.


몸의 대사를 관장하는 호르몬을 만드는 갑상선이 사라지고, 나는 매일 약을 먹는다. 그래도 툭하면 피로를 느끼고, 추위와 더위에 무척 민감해졌다. 계절을 제일 먼저 맞이하는 방법이 목감기가 되었고, 즐겨 부르던 몇몇 노래를 부르지 못하게 되었다. 수술 로봇의 팔이 지나간 쇄골 근처 피부는 십여 년이 훌쩍 지나도 감각이 둔하다. 베란다를 보면서 여전히 얼얼한 살을 어루만진다.


주택을 짓고 싶어 하는 분이 주변에 참 많다. 아이가 종일 방방 뛰어도 뭐라 할 사람 없는 마당에서 바비큐도 하고, 소소하게 텃밭도 가꾸며 계절의 변화를 즐기고 싶다는 소망을 하나하나 듣고 있으면 나조차도 설렌다. 보통은 당장에라도 마음만 먹으면 서울은 아니더라도 교외 어디에는 집을 지을 수 있는 분들이다. 재택근무도 많아져서 출퇴근 시간의 부담도 전보다 덜하다. 다 듣고 나면 나는 묻는다.

> "왜요, 지금 살고 있는 아파트 정리하시면 어디든 가서 집 지을 수 있을 텐데요."
> "그렇긴 한데… 아이 학교 문제도 그렇고, 인프라나 그런 게 부족하니 좀 불편하지 않을까요?"
> "요즘은 농가주택을 마련해서 주말에만 왔다 갔다 하는 분들도 계시던데, 그건 어떠세요?"
> "그건 집이 너무 작은 것 같고…."

얻고자 하니 잃게 되는 것에 대한 이야기이다. 그러나 앞으로 얻고자 하는 것은 지금 잃고 있는 것에 기반을 두고 있다. 이 사실을 잊으면, 잃고 있는 것이 얻을 것으로 재정의되는 순간, 그로 인해 잃을 것을 다시 생각하게 된다. 손실에만 무게를 두면 현재 잃고 있는 것은 계속 잃을 수밖에 없다.

인생이란 하나를 쥐려면 하나를 내려놓아야 한다는 것을 우리는 알고 있어도 두렵다. 지금은 손실이라고 생각해도 결국 이득이 더 클 수도 있고, 실제로는 아무 영향이 없음에도 잃은 것만 같은 감정 놀음에 휩싸여 있는지도 모른다. 손실을 회피하기만 하다가 가진 것도 온전히 지키지 못할 수도 있다. 지금 무척 아깝고 두려운 손실의 진짜 모습은 무엇인가? 눈 딱 감고 한 손을 펴보면 안다.

고정관념을 깨는 길

복도

"여기 앉지 말고, 저쪽 테이블 가서 하자. 여기는 복
도니까."
"복도라서 앉지 말라고?"

아이는 바닥에 내린 레고 상자에서 손을 떼지 못하고 엉
거주춤 나를 올려다보았다. 복도니까 앉지 말라니, 엄마가
하는 말을 이해하지 못하겠다는 눈빛이다. 하긴 아이의 눈
으로 보면 복도는 다른 방들처럼 오크 마루가 깔린 공간
으로 겉보기에 다른 점이 없다. 복도는 폭이 90cm, 길이는
4m가량 된다. 방이라 하기에는 작고 좁지만, 아이의 작은
몸집에는 장난감을 통제하기가 수월해서 놀이용으로 적
합한 공간일 수도 있겠다 싶다. 질문에 적절한 답을 찾지
못해 머뭇거리자, 아이는 그대로 엉덩이를 깔고 앉아 상
자에 들어 있던 레고 블록을 마룻바닥에 들이붓는다.

복도는 공간의 지점과 지점 사이를 연결하는 통로라는 용
도로 만들어진 공간이다. 그것의 욕망은 확실하다. 목적
지에 다다르는 것이다. 내비게이션 화면에 나타나는 선처
럼 두께도 깊이도 없는 오직 가고 오는 경로로, 전경을 즐
기지 못하고 목적지만 쏘아보는 복도는 외롭다. 설계도에
도 명시되지 않는 공간. 나는 가능하면 집 안에 복도가 생
기지 않기를 바랐다. 아무 일도 일어나지 않는, 그저 지나
가고 마는 복도가 면적만 차지하는 죽은 공간이라고 생각
했기 때문이다.

기윤재의 2층과 다락을 설계하면서 남편은 특히 방의 배치를 꼼꼼히 챙겼다. 아이방과 비밀의 방 사이에 화장실을 배치해 비밀의 방에서 발생하는 소음이 아이방으로 새어 들어가지 않으면 좋겠다고 건축가에게 요청했다. 방 안에서 얼마나 신명 나게 게임을 하려고 그러는지 남편은 주도면밀했다. 아래층의 공간 배치는 필연적으로 그 상위층의 공간에 영향을 준다. 남편 말대로 배치하면, 다락방을 효율적으로 사용하기 위해서는 계단을 측면으로 돌려 집 배면의 벽과 맞붙게 놓아야 했다. 방은 책장 뒤로 숨겨져 있으니 화장실 문 선에서 이어지는 면은 큰 벽으로 마감이 되었다. 결론적으로 2층 서재에서 아이방까지 4m가량의 복도가 생겼다. 복도의 다른 한 면은 1층을 조망할 수 있도록 겨드랑이쯤 오는 높이의 벽으로 만들어 내 시야에서는 그리 답답하지 않다. 그러나 복도는 복도였다.

우리나라는 예부터 공간의 개방감을 중요시했기 때문에 방과 방 사이는 대청마루로, 건물과 건물 사이는 안마당으로 연결했다. 한옥에도 종종 유럽의 저택에 있는 앙필라드(Enfilade, 일렬로 늘어선 방문을 열면 일직선으로 생겨나는 통로)와 같은 구조가 있다. 그러나 때에 따라 공간을 분리하거나 개방해서 효과적으로 사용하기 위해서지, 복도가 복도로서만 고립되도록 하지는 않았다. 한국인의 DNA를 가진 나로서는 집 안에 자리한 복도가 위화감이 드는 것은 당연할지도 모른다.

나는 이 복도가 묘하게 불편했다. 특히 아이가 잠든 시간에 소등하고 복도를 지날 때면 이상하게 발걸음이 빨라졌다. 쿵쾅대는 내 발걸음 소리가 귀에 그대로 전해지는 게싫어서 더욱 빨리 걸었다. 복도는 내게 머물고 싶지 않은, 임시적이고 불편한 장소였다.

영화 〈여고괴담〉에는 유명한 복도 장면이 있다. 우물처럼 깊고 어두운 복도 맞은편에서 여고생이 몇 컷 만에 순간이동으로 관객의 코앞에 나타나는 장면이다. 이 장면이한국 영화사에서 오래도록 회자되는 이유는 우리 모두의원초적 불안감을 건드리기 때문이 아닐까. 퇴로가 오직제한된 위치에만 있는 복도에 섰을 때 느끼는 공포. 그 감정을 떠올리면 나는 어둑한 밤, 아파트의 긴 복도를 걷는소녀의 기억을 소환한다.

아파트 11층, 지직거리는 푸른 비상구 표시등이 매달린복도 입구에 선다. 복도 천장에는 어스름한 조도의 벽등이 달려 있다. 전구색 조명에 미색으로 미장된 벽과 갈색격자무늬 타일 바닥이 더 붉어 보인다. 오른쪽으로 세 집,왼쪽으로 네 집. 우리집은 왼쪽 제일 끝 집 1107호.

왼쪽으로 몸을 돌려 오른쪽 복도와 등을 지면 유난히 한기가 느껴진다. 어린 나는 그 순간에 어김없이 빨간 마스크를 떠올린다. 너무 천천히 걸으면 집에 닿기 전에 누군가 어깨를 덥석 잡을 것만 같고, 그렇다고 빨리 걸으면 내발걸음 소리에 가려 누군가 따라오는 소리를 듣지 못할 것 같다. 나는 대체 어느 장단으로 걸어야 할지 헷갈린다. 숨도 쉬지 않고 적당히 잰걸음으로 문 앞까지 와서 문고리를 잡는다. 그때야 고개를 돌려 걸어온 길보다 더 긴 복도를 돌아본다. 마침 아파트 맞은편으로 지나가는 전철의 파동으로 아귀가 맞지 않는 창문들이 깨질 듯 덜컹대는 소리를 낸다. 복도가 끝도 없이 뻗어 있을 것 같은 저 어둠 속에서 알 수 없는 형체가 일렁이는 느낌이다. 몸서리를 치고 재빨리 문을 열고 집으로 들어간다.

개인의 경험으로 공간을 이해한다는 철학자 하이데거의 말은 너무 자명했다. 복도에 대한 불편한 감정의 원인은 나의 과거 경험에 있었다. 학원을 마치고 저녁에 귀가하는 초등학생의 등 뒤는 언제나 불안한 미지의 영역이었다. 그 아파트에 사는 수년 동안 반대쪽 복도 끝 1101호까지 한낮에도 걸어가볼 생각을 하지 않았다. 간혹 다른 집의 문이 열려 있으면 지나는 길에 무의식중에 집 안을 들여다보게 되고 그 안의 누군가와 눈이 마주칠까 봐 두려웠다. 역을 무정차 통과하는 기차처럼 차라리 나는 걸음을 더 신속하게 옮겨서 문을 지나쳤다. 아파트의 복도는 언제나 되도록 빨리 지나가야 했다.

우리나라에서는 1990년대 이후로 편복도식 아파트 대신 계단을 중심으로 양옆에 집이 배치되는 계단식 아파트가 주류를 이루었다. 실제로 나도 계단식 아파트로 이사를 했다. 그 후로 오랫동안 복도가 있는 주택의 형태에서 살지 않았다. 복도의 악몽이 그렇게 사라지는 듯했으나, 생각지도 못하게 런던에서 다시 편복도식 건물에서 살게 되었다. 런던의 중심지였지만 몇몇 친구들이 살던 에드워디언, 테라스 하우스와는 거리가 먼 플랏(아파트먼트가 아닌 Flat이라고 부른다)이었다. 아마도 서민 보급형으로 지었을 것이다. 영국은 우리나라보다 기후가 온화하기 때문에 편복도의 반대쪽이 유리창으로 막혀 있지 않다. 그런데 난 막혀 있지 않아서 그것대로 불안함을 느꼈다. 이러나저러나 복도는 나를 자극했다. 어두운 밤에 혼자 걸어야 하는 차가운 타일 바닥 위에 서면 내가 잡아야 할 문고리가 너무나 멀게 느껴지곤 했다.

체화된 경험들이 '복도'에 부정적인 기억과 마음을 녹여 내고 있었다. 복도는 내게 앉을 만큼 여유 있는 공간인 적이 없다. '복도니까 앉지 마.'는 경험의 줄거리가 만들어 낸 고정관념이었고 아이의 물음은 그것을 건드렸다.

　　"엄마, 안 앉아?"

벽에 등을 대고 앉아 레고로 자동차를 만들던 아이가 다시 묻는다. 크지 않은 공간에서 아이는 나와는 달리 편안함을 느끼는 듯했다. 좌식과 입식이 적절히 혼재하는 우리나라의 집에서 어느 공간이든 앉지 못할 곳은 없다. 아이의 손에 이끌려 처음으로 복도에 앉아보았다. 한동안 엉덩이는 대지 못하고 쪼그리고 앉아 있다가 레고 블록들이 하얀 벽을 배경으로 알록달록한 집이 되어갈 때쯤에야 바닥에 완전히 앉을 수 있었다. 시야가 낮아지며 겨드랑이쯤 오던 벽이 훨씬 높고 두껍게 느껴졌다. 어색했지만 바닥은 뜨끈하니 좋았다. 뒤이어 가져온 장난감 자동차들이 벽에 쾅쾅 부딪히는 소리에 아이의 깔깔거리는 웃음소리가 천장에 울려 퍼졌다. 나와는 다른 아이의 경험이 이대로 즐겁기만 하면 좋겠다는 생각이 스쳐 갔다. 엄마는 아이에게 나쁜 것은 절대로 대물림하고 싶지 않다.

"여기 벽에 우리 아들 그림들을 걸어볼까?"

나는 비밀의 방을 뒤에 숨기고도 태연한 흰 벽을 손가락으로 가리켰다. 도시의 어두운 지하보도나 골목에는 벽화 사업을 많이 한다. 벽화로 공간에 생기를 불어넣어 주면 행인들에게 심리적으로도 긍정적인 영향을 준다고 한다던데. 어두운 내 기억의 통로에도 벽화 사업을 해보면 어떨까. 삭막하기만 하던 이 공간이 내게도, 아이에게도 더 즐거운 장소로 바뀌지 않을까?

"좋아!"

아이에게는 허언이 없다. 복도 벽 양 끝에 아이의 시선에 맞춰 꼭꼬핀을 꽂고 황마 줄을 길게 연결했다. 아이가 고심해서 골라낸 자신의 걸작들을 하나씩 걸었다. 이제 복도는 아이의 작품 갤러리가 되었다. 밝은 기운이 가득한 그림들을 보면서 아주 서서히 고정관념을 깨나간다. 복도를 지나가는 발걸음에 조금씩 여유가 생겨난다.

본질을 엿보는 공간

다용도실

기윤재의 사용 승인이 나자 건축사무소에서 준공 사진 촬영을 하자고 했다. 나도 못 찍어본 프로필 사진을 집이 찍다니. 마당에 데크 설치가 늦어지다 보니 촬영은 입주하고 수개월이 지난, 겨울에 진행되었다. 이름처럼 준공을 하고 갓 태어난 집의 기록이기 때문에 생활의 흔적들을 지워내느라 5일 밤낮 정리 정돈으로 애먹었다. 당시 아이가 세 살이었다는 점을 강조해본다.

아침 일찍 도착한 사진작가가 집을 이리저리 둘러본 후, 자신의 구상을 카메라 사각 프레임 안에 구현하기 시작했다. 구상과 구현에 불일치가 생기면 자세를 풀고 집을 이리저리 매만졌다. 그의 손길에 따라 소품들이 새로운 자리를 찾아들어가기도, 프레임에서 벗어나기도 했다. 건물 사진만 찍는 전문가답게 사진 한 장을 찍는 데 들이는 품이 대단했다. 나도 그의 요청에 따라 바닥에 깔려 있던 러그를 걷고, 커튼을 쳤다 젖혔다 하면서 도우미 역할을 해주었다. 촬영은 저녁이 되어서야 끝이 났다.
종일 작가의 동선을 피해 다니던 가족들의 느지막한 저녁 식사를 위해 냉장고가 있는 다용도실 문을 열었다. 아뿔싸. 개어놓은 러그, 스탠드 옷걸이, 걸려 있던 겨울 점퍼와 에코백들, 싱크대 위에 있던 도마, 키친타월 등 작가의 프레임 속으로 초대받지 못한 물건들로 발 디딜 틈이 없었다. 사진에 어울리지 않았을지는 몰라도, 없어서는 안 될 생활 도구들. 다용도실은 창고 역할만 하다가 한 컷도 찍히지 못했다. 아니지, 찍힐 공간이 아니었기 때문에 물건을 밀어 넣게 되었다는 편이 맞나.

진짜 우리집의 모습은 지금, 이 다용도실에서 볼 수 있는 게 아닐까?

집이란 사는 장소의 형태에 한정되기에는 너무 큰 개념이다. 짓는 것과 사는 것이 일치할 때 거주가 이루어진다는 김광현 교수의 말대로, 집이란 '거주'의 의미가 있는 구상적이자 추상적인 개념이다. 주택과 그 안의 사물, 사람, 생활 방식이 한 세트가 되어야 비로소 집이 완성된다.

다용도실에는 작가의 시선에서 거세된 사물과 그것들로 꾸려나가는 생활의 모습까지 모여 있다. 짓는 것에만 초점을 맞추어 편집된 준공 사진은 주택 사진이지, 집 사진은 아니다. 사람으로 비유하면 100일도 아닌, 50일 사진쯤이 아닐까. 아직 삶이랄 것이 없는 천진한 모습을 담은 사진. 사진작가와 부모가 땀을 뻘뻘 흘리면서 딸랑이를 흔들고 손뼉을 치며, 까꿍 까꿍 하다가 겨우 한 장 건져내는 아기 사진. '집'이라는 이름의 앨범이 완성되려면 흐트러진 이불, 요란한 생일 파티, 창문에 맺힌 결로, 다용도실 문을 닫고 들어가 아빠와 깊은 대화를 하는 아이 사진이 더해져야 한다.

일본인 건축가 나카무라 요시후미의 책을 즐겨본다. 그는 유명한 주택 전문 건축가인데, 건축가들의 집을 다니면서 자연스레 나이가 들어가는 집, 그것을 가꾸며 살아가는 사람과 그들의 취향이 담긴 물건을 기록하는 작업을 했다. 입담 좋은 건축가의 글이 함께 있지만 활자 없이 사진만으로도 많은 이야기를 들을 수 있다. Y체어 위에 얹어놓은 엉덩이 모양대로 주저앉은 가죽 방석이라든지, 연필꽂이로 사용하는 꿀 땅콩 캔, 펜던트 조명 전선에 매달려 있는 목각인형. 사소하지만 깊이가 있는 시간의 흔적, 멋스러운 생활의 위트를 발견해낼 때 눈이 커진다. 그런 사진들은 설익은 우리집을 어떻게 살아가는 공간으로 만들어갈지 질문을 한다.

집을 지을 때 몇몇 건축주의 집을 방문했다. 처음 보는 사람에게 집을 공개하는 아량 넓은 건축주들에게서 집에 대한 깊은 애정을 느꼈다. 주택, 사물, 사람, 생활이 한 상에 정식으로 차려진 집에서는 나카무라의 책에서 찾아보던 것을 오감으로 느껴본다. 창과 창 사이를 흐르는 공기, 원목마루의 발 디딤 느낌, 난간의 손 스침 감촉, 주방 가구 서랍 레일의 부드러운 소리 같은 아주 사소한 것들을.

마지막에는 주로 집을 짓고 나서 아쉬운 점을 묻는다. 다시 짓는다면, 더 잘할 수 있겠다 하는 부분이 있으세요? 그리고 이제는 내가 사람들에게서 똑같은 질문을 받는다. 그 안에는 단단한 심지가 박혀 있다. 생각의 사각지대가 어디였나요. 이런 예리한 질문을 하는 사람에게는 대답도

얼렁뚱땅하면 안 된다.

프랭크 로이드 라이트의 클라이언트 카우프만처럼 집을 짓는 과정에 열정적으로 참여했다고 해서 결과물이 완벽하지는 않다. 모든 구상에는 상대적으로 에너지를 덜 쓰는 부분이 있기 마련이고, 구현하고 나면 아쉬운 점이 생긴다. 그마저도 데리고 살 궁리를 내어야 한다.

나는 고해하듯 말한다. 그런 곳은 단연 다용도실이라고. 집은 생각한 대로 만들기도 하지만, 만들어진 대로 살아진다. 이곳이 이렇게 작은 공간이 된 것은 관여가 높은 다른 공간들에 자리를 할당해주고 난 나머지였기 때문이다. 다용도실을 자꾸만 집에서 소외해온 사람은 사진작가가 아니라 바로 나이다. 크기가 작은 만큼 빈약한 관심을 받는 공간도 설움을 느낄까. 기능이나 목적으로 분화되지 않은 이름에서도 주목의 결여를 알 수 있다. 하나로 뭉뚱그려놓은 이름. 다용도실.

다용도실처럼 드러나지 않던 공간들에 건축가 루이스 칸은 고유한 자리를 부여해주었다. 숨겨지고 소외된 것들에게 공평하게 주의를 기울이는 박애주의적 관점은 아니었다. 처음에는 싫어하는 것들에게 주의를 두지 않는다면 그것들이 건물에 침투해서 건물을 망쳐버릴 것이기 때문에 따로 공간을 마련해주어야 한다고 생각했다.

차차 나무가 영양분을 전달하는 방법과 인간의 혈액순환 방식을 통해 생명체의 질서를 이해했고, 봉사하는 공간

(servant space)과 봉사 받는 공간(served space)의 개념을 만들어 냈다. 봉사하는 공간은 봉사 받는 공간이 제대로 기능을 수행할 수 있도록 도움을 주는 공간이다. 주로 가사 일에 관계된 주인을 위한 공간이라고 정의한다. 거실이나 침실은 봉사 받는 공간으로, 계단이나 화장실, 주방 등을 봉사하는 공간으로 분류한다. 주방에 식재료와 식기를 조달하는 다용도실은 을도 아닌 '병'쯤 되는 봉사하는 공간이다.

> 공간의 본질은 봉사하는 작은 공간들에 의해 더 잘 특징 지어진다.
>
> - 루이스 칸

이 말대로라면 이 작은 공간에서 집의 본질을 엿보는 것이 무리는 아닌 셈이다. 다용도라는 이름답게 생필품, 청소도구까지 보관하는 이 공간을 달리 말하면, 곳간이자 창고라고 할 수 있다.
이 둘은 단어의 유래가 연결되어 있다. 옛날 중국에서는 곳간을 창씨와 고씨가 대대로 맡아서 관리했는데 워낙에 일을 잘했다고 한다. 그래서 '창씨고씨'라는 한자 성어는 어떤 사물이 오래도록 변하지 않고 처음을 그대로 유지함을 이르고, 여기에서 창고라는 단어가 유래했다. 그중 '고' 자를 따와서 고간, 지금은 사이시옷을 넣어 곳간이 되었다.
무언가를 변하지 않게 유지하려는 이유는 그것이 중요하

기 때문이다. 낮은 자리에 있지만 집을 유지할 수 있게 하는 중요한 것들을 지키는 곳. 삶을 영위하기 위해 쉼 없이 드나드는 장소. 짓는 것과 사는 것이 일치하는 지점이다. 집을 보여주기 위해 단 한 장의 사진만 찍을 수 있다면 마땅히 찍혀야 하는 곳은 다용도실이 아닐까.

저녁 식사 설거지를 마쳤고, 다용도실에 쌓여 있던 물건들도 제자리로 돌아갔다. 발바닥이 뜨끈뜨끈하다. 보일러와 세탁기로 이어지는 다용도실은 난방을 켜면 집에서 제일 먼저 따뜻해지는 아랫목이 된다. 냉장고에 기대어 방바닥에 앉는다. 위잉 위잉 촬랑- 세탁기 돌아가는 소리를 들으며 팬트리에서 꺼낸 달달한 과자를 몇 개 집어먹는다. 기분 좋은 나른함. 작은 관심을 큰 기쁨으로 돌려주는 이곳이 집이라는 앨범에 사소하지만 아름다운 한 컷으로 남기를 바란다. 다용도실은 집의 알파이자 오메가이다.

멸실되지 않는 기억

대지

볕이 좋아도 겨울 초입의 바람은 서슬을 돋구고, 굴삭기는 무자비했다. 굴삭기가 팔을 한 번 휘두르니 지붕이 홀러덩 벗겨지고, 산발한 철근 사이로 집의 속살이 드러났다. 두 번째 팔을 내리꽂으니, 거실의 유리와 빨간 고벽돌이 와르르 부서져 내렸다. 곧 새집이 지어질 터였다. 구옥 곳곳에 새겨둔 십여 년의 시간이 폴폴 날리는 가루 먼지가 되는 사이, 철거업체 사장이 연락 두절되었다.

농가주택이었던 구옥이 자리한 마을은 안쪽으로 들어갈수록 산에 가까워지면서 경사가 높아진다. 구옥 역시 사방에 접하는 길이 모두 경사로이다. 주된 접도면 기준으로 레벨이 제일 낮은 부분에 벙커 차고를 만들었는데, 정면의 입구를 보면 지상층 같아 보이지만 3면은 땅에 묻혀 있다. 그 위로 올린 단층은 경사로에서 제일 높은 지점보다 조금 더 높게 바닥 면의 높이를 맞추고 나머지 땅은 흙으로 북돋웠다.

구옥을 지은 사람은 단순한 사람임이 틀림없다. 집을 보면 알 수 있다. 큰 고민 없이 옆집과 똑같은 구조로 지은 것과 더불어 지형에서 생기는 약점들을 모두 콘크리트로 해결해버리려고 한 것이다. 그래 놓고 겉은 벽돌로 위장해두었다. 굴삭기가 벽돌을 긁어내니 뒤에는 단단한 콘크리트 벽이다.

부실한 조적 건물인 줄 알고 견적을 대충 부른 철거업체 사장이 오전 내내 투덜거렸다. 공사 전에는 이까짓 거 하루는 부수고 하루는 실어 보내면 된다고 호언장담했다. 깊이를 알 수 없게 파도 파도 다 걷어낼 수 없는 지하의 콘크리트 벽을 맞닥뜨리자 그녀는 제 분을 못 이기고 사라져버렸다. 공사가 늘어져 생각보다 이익이 남지 않게 생겼기 때문이다. 일당을 챙겨줄 고용주가 사라진 줄도 모른 채 굴삭기는 그날 꼬박 팔을 휘둘렀다.

어쨌든 한 존재가 허무하게 소멸해갔다. 받지도 않는 전화를 계속 걸어야 하는 상황 때문일까. 별다른 감정이 솟아나지 않는다. 겨우 이런 존재를 소유하기 위해 나는, 사람들은 평생을 거는 건가. 현장 분위기 때문인지 더 썰늘하게 느껴지는 바람이 구옥에서의 추억을 몰고 옷깃으로 파고든다. 허무가 곧 밀려난다. 옷깃을 단단히 여미면서 집에서도 자주 하던 행동이었음을 떠올린다. 참, 어지간히도 추웠잖아.

집 지은 이는 단순한 것도 모자라 무심한 사람일 거다. 여기가 우리나라 최북단을 향해 턱을 받친 지역이라는 사실에 관심이 있고서야 단열이 이다지도 부실한 집을 지었을 리가 없다. 한겨울에는 심야 보일러도 콘크리트를 관통하는 한기를 떨쳐버리기에는 역부족이었다.

이를 딱딱 부딪히며 펠릿 난로를 틀어놓고 지냈는데 아이가 기어 다닐 때쯤 인내심이 한계에 다다랐다. 꽁꽁 싸맨 아이는 목욕과 기저귀 가는 시간 외에는 속살을 보일 수 없었고, 출산 전후로 비염이 심해진 나는 펠릿 나무가 연소하면서 나오는 분진 때문인지 코가 막혀서 자다가 익사하는 꿈을 꿀 정도였다. 잠다운 잠을 잘 수 없으니 겨울 이전까지 표류하던 의사 결정이 급물살을 탔다. 여러모로 혹독한 겨울이 신축 결정에 한몫했다. 그래, 세상에서 지워져가는 구옥을 보면서도 별 마음이 생기지 않는 건 아마도 선명한 겨울의 기억 때문이다.

철거를 멈추자 마을이 고요해졌다. 뒤늦게 상황을 파악한 굴삭기 기사는 어두운 낯빛으로 돌아갔다. 일당을 받지 못할까 걱정되는 모양이다. 지하를 제외한 나머지는 철거 진행이 많이 되었다.

건물이 내려앉자 집을 두르고 있던 개명산이 더 넓고 높게 드러난다. 매일 등마루로 해를 업고 새벽을 여는(개명開明) 산. 겨울 북서풍이 개명산의 능선을 타고 올라간다. 개명산을 품은 목암동은 서서히 낮아지는 산등성이의 끄트머리에 생성된 자연마을이다.

지금은 수령이 300년을 넘은 느티나무를 중심으로 나무와 바위(목암木巖)가 도처에 널려 있어서 이름 지어졌다고 한다. 마을 사람들끼리야 여전히 목암동이라고 부르지만, '목암'은 마을 옆을 지나는 목암고개에만 남아 있고 행정적으로는 벽제동에 편입되었다. '벽제'는 영조가 사도세자를 애도하는 중에 우연히 이곳에 이르러, 푸른 숲이 울창하고 골짜기가 깊어(벽제碧蹄) 지어준 이름이라고 하니, 마을의 분위기에서 영 동떨어진 이름은 아니다.

구옥을 설계하고 지을 때 이 산을, 이 마을을 자세히 둘러본 적이 있을까? 자연의 논리는 명징하지만 보려고 하지 않으면 보이지 않는다. 건축이란 그 논리를 찾아내고 공생하기 위해 사람이 낼 수 있는 답이어야 한다. 정답은 아닐지 몰라도 성실한 답안 말이다. 단순하고 무심하게 볼 수 있는 문제가 아니다.

'건축' 하면 누군가는 형태를, 누군가는 재료를 먼저 떠올리겠지만 그것들을 좌우하는 것은 콘텍스트(context)이다. 콘텍스트는 각개의 요소(text)들이 모여(con) 이루는 관계성, 맥락을 의미한다. 건축에서는 건축물이 지어지는 입지와 환경이 잇닿아 이루는 관계를 지형, 기후와 같이 지리적 환경요소뿐만 아니라 생각, 기억, 감정, 상상력 등을 투영한, 장소에 대한 문화적 인식을 아울러서 해석한다. 이 콘텍스트에 따라 사람들은 객관적으로 비슷한 수준의 장소에 놓여도, 각각의 장소에 다른 의미를 부여하게 된다. 좋은 건축가는 이러한 장소의 성격, 장소성에 순응하거나 그를 극복하는 방식으로 건축물에 콘텍스트를 내재화할 수 있어야 한다.

안도 다다오는 장소성의 회복을 중요하게 여기는 대표적인 건축가이다. 그는 건물이 들어서기 전부터 있던 자연을 살피는 데 주력한다. 빛의 교회, 물의 교회, 지추미술관 등 현대건축사에 의미를 남긴 유명한 작품이 많지만 나는 상업 건물 오모테산도 힐스가 흥미롭다. 이 작품은 무형적 콘텍스트를 깊이 이해하고 표현하면서 유형적 콘텍스트 역시 해치지 않고 완성되었다.

오모테산도는 도쿄 최고의 거리 중 하나이고, 거리를 걷는 사람들은 도준카이아오야마 아파트에 강한 애착을 보였다. 안도는 옛 아파트의 재건축 프로젝트를 맡고 '지금까지 그 자리에서 계속되어온 시간의 흐름을 끊어놓지 않겠다는 자세'로 임했다고 한다.

오모테산도의 풍경을 그대로 남기기 위해 건물의 외관은 오래된 느티나무 가로수 높이를 넘지 않도록 설계하는 대신 지하는 30미터까지 파내려갔다. 신기하게도 건물 내부의 보도 경사로는 바깥 도로 기울기와 같다. 이전 거리와 이질감이 느껴지지 않도록 건물 밖에는 매장 간판을 달지 못하게 했다.

대지의 현재 모습은 그 장소에서 벌어진 수많은 시간이 퇴적되어 완성된 형태이다. 그 자체로 역사이고 역사는 기억이다. 재건축을 통해 형태의 대대적인 변화를 주었지만 자취를 느낄 수 있는 요소들을 남겨두어, 그 거리를 추억하는 사람들에게 존중을 표한 것이다. 안도의 말대로 오모테산도 힐스는 '과거와 현재를 하나의 풍경으로 연결하는 건축물'로 완성되었다.

구옥의 설계시공자와 철거업체 사장. 콘텍스트를 읽는 데 실패한 두 사람을 떠올린다. 구옥의 리모델링을 생각하지 않은 건 아니다. 그러나 환경을 이해하려고 하지 않은 사람이 지은 집은 근본적인 문제를 안고 있었다. 뿌리에 문제가 있으면 뽑는 수밖에 없다.

특수한 지형에 지어진 집에서 드러날 수 있는 위협 요소를 무시한 철거업체, 그들 입장에서 이 공사는 금전적으로 헛수고를 한 셈이다. 그렇다면 우리는? 새로 지을 집의 설계도를 떠올린다. 과연 콘텍스트를 꼼꼼히 살피고 이해한 결과물일까? 이 마을에서 계속되어온 시간의 흐름을 끊지 않는 집이 될까? 집을 그려내는 과정에서 나와 건축가가 안도와 같은 시선을 가지고 있길 바랐다.

내용증명과 손해배상 청구를 준비하겠다는 으름장에 철거업체 사장이 며칠 만에 돌아왔다. 다행히 착공 일정에 맞추어 일이 마무리되었다. 나신의 대지(나대지裸垈地) 위에 섰다. 모든 게 사라졌지만 모든 걸 기억하는 대지. 이 시간의 퇴적층 위로 다시 쌓아 올릴 집은 무엇보다 자연스러우면 좋겠다. 마을의 나무와 바위, 사람 사이에 흐르는 콘텍스트가 자연스럽게 스며든 집. 스며드는 존재는 결코 허무하게 멸실되지 않으니까.

변화의 구조

스킵 플로어

기윤재 설계의 핵심은 스킵 플로어(Skip Floor)이다. 건물의 층을 일반적인 1층의 높이가 아니라 반(半) 층 정도로 설계한 구조를 뜻한다. 반 층이라고 하지만 집에 들어서면 지붕까지 뚫린 보이드(Void, 건물 내부의 빈 공간) 아래, 여러 개의 층이 중첩되어 보여서 시원한 느낌이다. 시선을 돌릴 때마다 다양한 높이의 공간들이 리드미컬하게 드러나서 재미가 있다.

기윤재의 집터 사방은 지반의 레벨이 모두 다르다. 건물의 파사드(정면)를 볼 때 왼쪽에서 오른쪽으로 갈수록 레벨이 높아지는데 가장 높은 지점을 1층으로 잡다 보니, 건물 왼편이 도면상에서 지하층이 되었다. 지하실의 위층이 1.5층이 되었고 1층의 위층은 2층이 되니 반 층 구조가 된 것이다.

스킵 플로어는 같은 층에 있는 개별 공간들의 목적을 더욱 분명히 드러내기 위해서 적극적으로 사용되기도 했다. 계단 3개 높이의 평상들은 단지 계단을 오르다 멈춰가는 층계참이 아니라 놀이나 휴식의 목적을 지닌 착실한 장소가 되었다. 계단은 뇌의 부분들을 연결하면서 유의미한 통합체로 만드는 뉴런과 같은 역할을 하고 있다.

쉽게 말해서 스킵 플로어는 공간 간의 거리가 짧고 계단이 많다. 이 낯선 구조는 우연히 정해졌지만, 필연적으로 우리를 다듬고 있었다. 계단에 익숙해지는 다리 근육, 보이드 공간의 공기 대류 현상을 아침저녁으로 느끼는 피부, 노출된 공간에서 벌어지는 가족들의 움직임에 기민해지는 청각. 우리는 물질세계에 휘둘리지 않는 고매한 정신을 지향하지만, 몸의 어느 부분도 이 세계를 초월하지 못한다. 몸이 변화하니 정서적 변화도 뒤따른다. 나는 2층에서 책을 읽으면서 1층에 있는 남편에게 옆에 있는 것처럼 말을 건다. 어디에 있든 연결되어 있다는 건 나에게도 아이에게도 지금 여기가 안전하다고 느끼게 한다. 우리는 분명한 변화를 겪고 있었다.

"엄마~! 어디 있어? 위에 있어, 아래에 있어?"
"거실에 있지."
"아 4층에 있구나!"
"우리집 2층인데?"
"우리집은 8층이야, 엄마. 봐봐."

이 공간 안에서 아이는 물렁대는 비정형의 점토 덩어리가 형상을 갖추어 나가듯이 모든 면에서 모양새를 잡아갔다. 입주할 때 말도 트이지 않았던 아이가 언어의 체계를 세우면서 말로 표현하는 것들이 나를 무척 놀라게 한다. '위에 있어, 아래에 있어?'라는 질문을 하고 2층 집을 8층 집이라고 말한다. 지면에서부터 적층되어 쌓아 올라가는 건물에서 같은 높이를 이루는 부분을 한 층으로 본다면, 높이가 달라질 때마다 층이 하나씩 늘어나야 한다. 그런 식으로 지하부터 평상, 그물침대, 다락, 옥탑방까지 세니, 우리집은 8층 집이 되었다. 언어는 인지의 거울이다. 아이는 언어로 자신이 명확한 공간감을 지녔다는 걸 드러낸다. 공간감이 생기면 누구나 자기 자신을 분리해서 내가 어느 위치에 있는지 볼 수 있는 조감적인 시야도 갖게 된다. 전지적 시점으로 자신을 내려다보면서 나의 좌표를 확인할 수 있다. 그런데 이런 GPS 같은 시선은 물리적 환경을 인식하는 데에만 그치지 않는다. 사회 안의 나, 타인들 사이에 놓인 나와 같은 관념적 좌표를 읽어내는 눈도 생겨난다. 사람 사이의 관계를 단지 멀고 가까움보다 입체적으로 해석하게 되는 것은 사람에 대한 이해의 깊이가 달라진다는 것을 의미한다. 이런 것을 사고의 확장이라고 한다면 생각을 평면의 종이가 아니라 입체의 상자에 펼치게 만들어준 공을 이 낯선 구조에 돌리고 싶다.

> 건축의 의미에 대한 믿음은 장소가 달라지면 나쁜 쪽이든 좋은 쪽이든 사람도 달라진다는 관념을 전제로 한다. 여기에서 우리의 이상적인 모습을 우리 자신에게 생생하게 보여주는 것이 건축의 과제라는 신념이 생긴다.
>
> - 알랭 드 보통, 《행복의 건축》

신체적 감각으로 공간을 경험하는 일이 우리의 사고와 마음에 영향을 끼친다는 점은 오랫동안 철학이나 신념의 문제였다. 건축가 루이스 칸은 천장이 45m에 달하는 고대 로마의 카라칼라 대욕장을 보면서 "목욕탕 천장 높이가

2.5m라 해도 목욕하는 데는 아무 지장이 없다는 사실을 모두가 알고 있다. 하지만 45m라는 높이는 우리를 완전히 다른 사람으로 만든다."라고 말했다.

공간이 사람을 변화시킨다는 그의 경험적 추론을 이제 과학이 증명하는 시대가 왔다. 인지 신경과학은 어릴 때 뇌가 완성되고 불변한다는 상식을 깨뜨렸다. 뇌는 평생 변화한다. 이제 과학계의 화두는 이 뇌의 가소성이 우리의 신체에 달렸다는 것이다. 신체는 뇌의 인지 작용에 적극적으로 개입하고, 특정한 기분과 정서까지 소환한다. 이것을 '체화된 인지'라고 한다.

신경건축학자들의 최근 연구에 따르면 천장이 높은 방에 있을 때 '자유롭다'고 느끼며 창의적으로 생각하고 추상적인 개념에 더 잘 반응한다고 한다. 반대로 천장이 낮은 방에 있을 때는 '안락하다'고 느끼면서 세밀하고 집중을 요하는 일을 하기에 좋을 수도 있다는 추론에 이른다. 공간 경험은 우리가 공간에서 우리의 이상적인 모습을 엿볼 수 있도록 해준다. 또한 실질적으로 재현시켜줄 수도 있다.

그렇게 공간은 삶을 변화시킨다. '건축'이라는 거대한 담론에서는 동떨어진, 지극히 평범한 일반인의 시선이지만 스킵 플로어라는 일반적이지 않은 구조에 정착하기까지 나는 많은 공간을 보고 만지며 살아왔다. 그리고 지금에 이르러 만난 이 공간이 교통사고와 같은 우연의 결과라고 생각하지 않는다.

사피엔스만이 받들 수 있는 질문이 있다. '나는 누구인가?' 이 어려운 질문을 체화된 인지의 측면으로 재구성하면, '나는 무엇을 하고 있는가?'로 바꿔볼 수 있다. 내가 온몸으로 경험한 총체를 나라고 한다면 앉아서 내가 누구인지 사색만 할 것이 아니라 나의 환경을 능동적으로 선택하고 감각하고 경험하는 편이 철학적 해답에 다가가는 올바른 방법이다. 머리나 가슴의 답을 손과 발로 찾는 것이다.

"우리가 건물을 만들지만, 건물은 다시 우리를 만든다.(We shape our buildings, thereafter they shape us.)"라는 처칠의 말처럼 선택과 경험의 결과물이 이 집이고, 이 집은 다시 우리를 변화시키는 순환 구조에 있는 것이다. 그리고 변화는 언제나 전보다는 조금 더 나은 쪽으로, 좋은 쪽으로 향해야 한다는 믿음을 바탕으로 한다.

그래서 우리의 이상적인 모습을 생생하게 보여주어야 하는 건축의 과제는 곧 나의, 우리의 과제이기도 했다. 이 집은 현시점의 이상적 결과이자, 미래의 이상으로 가는 경과이다. 그것을 불쑥 튀어나오는 아이의 말에서 확인해 나가는 과정이 내게는 아주 설레는 일이다. 아이의 언어를 따라 나는 2층이 아니라 5층에 있다고 대답하는 일까지도 말이다.

온기를

나누는 사람들

2

별 헤는 방

옥탑방

아이는 또 하나의 태양이었다. 어찌나 존재감이 크고 눈이 부신지, 내 삶의 곳곳에 비춰들지 않는 곳이 없었다. 나는 아이의 강력한 중력에 사로잡혀 빙빙 맴도는 행성이 되었다. 언제까지나 아이가 찬란하게 빛나주길 바라는 천생 엄마였다. 아이는 밤새워 울며 보챈 적도, 쪽쪽이 집착이나 애착 인형도 없었고, 조심스러워서 아무거나 입에 갖다 넣지도 않았다. 그때그때 만나는 성장의 궤도를 너무나도 완벽하게 지나는 아이였다. 그렇게 믿었다.

"지금쯤 말을 또렷하게 할 때가 되지 않았니?"

외할머니가 생각하는 손자의 가장 강력한 비교 대상은 옆집 손자나 친구의 손자가 아니다. 당시 네 살이던 아이보다 이른 시기에 말을 잘하는 것도 모자라 지하철 노선표를 줄줄 읽었다는 나를 기억하는 엄마는 조심스레 물었

다. 졸지에 부모의 과거와 경쟁해야 하는 아이가 안쓰러워서 딸과 아들은 발달 속도가 다르다며 항변했다. 아이를 생각하는 마음이야 나만 못하지 않은 외할머니의 눈에 아이는 도움이 필요해 보였고, 그 물음은 나를 탓하는 게 아니라 내가 무언가 행동을 취해야 한다는 넛지였다. 물음이 찌른 자리에 작은 균열이 생겨났다. 불안이 싹트기에는 충분한 틈이었다. 육아 선배인 친구는 더 과감하게 권유했다.

"내 생각에도 병원에 한번 가보는 게 좋겠어, 언니. 요즘은 그거 부끄러운 일 아냐. 엄마가 해줄 능력이 있는데 안하는 게 부끄럽지."

아무것도 모른 채 손을 잡고 있는 아이가 나를 올려다본다. 아이는 언제나 내가 하려는 일을 이해한다. 나는 방문에 달린 '언어치료실'이라는 팻말을 노려봤다. 이 손을 넘겨주면 아이에게 '치료'가 필요할 수도 있다는 사실을 스스로 인정하는 셈이었다. 어쩌다 여기까지 오게 된 거지. 왕왕 만나는 작은 우연에 '혹시 내 아이가 천재인가?' 하며 호들갑을 떤 적은 있으면서 아이가 먹고 자고 말하는 건 보통날의 기적인 걸 알아채지 못했다.

아이의 언어 평가가 끝나고 나와 남편도 선생님에게서 질문을 받았다.

"몇 개월에 옹알이를 시작했나요? 언제 처음 '엄마' 소리를 했지요? 두 단어 이상 말하기 시작한 건 몇 개월이죠?"

기억이 나지 않았다. 질문이 거듭될수록 나는 고개를 숙였고, 대답은 남편이 대신했다. 나는 아이 곁을 빙빙 돌기만 하는 방관자였다. 표현 언어가 또래에 비해 1년가량 지체되었고 특히 발음을 교정하는 조음 치료를 권고한다는 결과가 나왔다. 아이에게 언어를 모델링할 시청각 자극이 부족해서였을 수도 있다는 진단도 들었다. 일순간 찬란하던 빛이 눈앞에서 사라지는 느낌이었다. 캄캄했다.

내가 만든 모든 환경이 아이의 빛을 잡아먹는 블랙홀은 아니었을까. 아이가 태어나고 유달리 청각 자극에 예민해진 나는 내 입으로 내는 소리조차 듣기 버거워했다. 아기가 있는 집에는 동요, 동화, 하물며 TV 소리라도 멈출 틈이 없다는데 우리집에는 적막이 흘렀다. '이 또한 지나가리라.'라는 잠언을 주문처럼 외우며 하루하루를 버티는 동안, 나의 침묵은 옹알이도 잘하지 않는 과묵한 아이를 빚어내었다. 아이방 창문 블라인드를 걷으면 골목에는 길

잠이 할 행인도 하나 없어서 머쓱하게 서 있는 가로등뿐이었다.

아이가 또래 친구 하나 사귈 수 없는 이 작고 한적한 마을로 온 것도 잘못일까. 그토록 마음을 들여 지은 이 집이 내게는 천국 같아도, 아이에게는 감옥 같지는 않을까. 만약 내가 그때 조금 더 신경 썼더라면. 만약 이곳이 아니라면…. 만약, 만약. 그믐밤, 곁에서 자는 아이를 붙들고 짙은 어둠에 빨려 들어가고 있었다. 되돌릴 수 있는 건 아무것도 없던 그 밤.

할 수 있어요, 엄마잖아요. 늦지 않았어요.

나를 건져낸 손은 뜻밖에도 휴대전화 화면 속에서 불쑥 튀어나왔다. 나와 비슷한 사정을 겪는 어느 엄마의 수기였다. 더 많은 사람에게 보이기 위해 인터넷에 글을 올렸겠지만 내게는 그 글이 나에게 띄운 한 장의 편지 같았다. 그녀는 이제 자신의 아이가 또래보다 오히려 말도 잘하고 성격도 더 밝아졌다고, 별일 아니니 걱정하지 말라고 했다. 그리고 내가 엄마라는 사실을 일깨웠다. 나는 얼굴도 모르는 그녀가 내민 손을 잡기로 결심했다.

아이를 관찰하는 일지 노트를 만들고 맨 앞 장에 니체의 말을 옮겨 적었다.

나를 죽이지 못한 시련은 나를 강하게 만들 뿐이다.

세상의 모든 엄마를 선생님 삼기 시작했다. 엄마들의 말과 글을 빌려 나는 어제보다 단단한 엄마가 되어갔다. 시간과 공간을 초월한 집단지성 속에서 연대의 힘을 느꼈다. 아이가 태어나면서부터 다닌 소아과에서 때마침 아동발달 센터를 열었다. 의사는 의학적 통계를 들어 나를 안심시키려 했고, 간호사들은 마주칠 때마다 아이가 한마디라도 더 입을 뗄 수 있도록 말을 붙여주었다. 센터의 선생님들은 고해성사 같은 나의 아이 관찰일지를 인내심으로 들어주고, 체계적으로 나와 아이를 지도해주었다. 센터는 내게 종교와 다름없었다.

> "엄마, 아빠. 나 이제 혼자 잘 수 있어. 내일부턴 8층
> 가서 자."

어느 여름날 밤, 나는 여섯 살 아이의 또렷한 생각을 또렷한 말로 들을 수 있었다. 표현이 서툰 아이에게 기민하게 반응하려고 수면분리를 하루 이틀 미루다 보니, 그날까지 우리 셋은 방 한 칸에서 함께 자고 있었다. 표현의 자유를 느끼면서 아이는 서서히 독립을 준비하고 있었나 보다. 다음 날 아이방에서 우리가 쓰던 이부자리를 걷어내고, 아이 침구도 새것으로 갈아주었다. 되돌릴 수 없어서 나아갈 수밖에 없었던 날들을 떠올렸다. 입술을 꼭 깨물었다.

기윤재에 들어온 지 3년 만에, 나와 남편은 안방인 옥탑방

으로 갈 수 있었다. 침대 하나만 들어가도록 지은 방이지만 앞에 아담한 베란다가 딸려 있어서 작아 보이지 않는다. 사람 냄새가 배지 않아서인지 여름밤인데도 서늘한 느낌이다. 바라마지않던 수면분리인데 나는 한 시간마다 잠에서 깨어났다. 아이에게 별일 없는지 살펴보고 다시 자리에 눕기를 여러 번. 아이는 서운하게도 혼자서 너무 잘 잔다. 분리불안은 아이가 아니라 내가 겪고 있었다. 후-. 오랜만에 길고 긴 한숨을 내뱉었다. 아이가 자면서도 들을세라 삼키기만 하던 숨이었다. 밤공기를 맡고 싶었다.

옥탑방은 마을에서도 높은 위치에 있어서 병풍처럼 펼쳐진 산을 바로 마주한다. 태양이 지고, 깔린 어둠 속에 깨어난 별들이 소금 알갱이들처럼 하늘에 박혀 있다. 어느 책에서 본 "철학이 '나는 누구인가?' 하고 묻는다면, 천문학은 '나는 어디에 있는가?' 하고 묻는다."는 구절이 떠올랐다. 우리는 어두울 때 더 잘 드러나는 하나하나의 별이다. 수많은 별 속에 함께 놓인 별이다. 아이는 한낮에 혼자 외롭게 타오르는 태양이 아니고, 나는 그 주변을 혼자 빙빙 노는 외로운 행성도 아니었다. 많다는 것은 때로 혼란스럽고, 때로 안도가 된다. 별에서 소금 맛이 났다.
여름밤에는 가장 밝은 베가, 데네브, 알타이르가 다른 별들을 이끄는 길잡이별이 된다. 그들은 다른 별들에게 자신의 곁을 내어주고, 서로는 서로에게 서사가 되어 별자리로 이어진다. 거문고자리, 백조자리, 독수리자리. 나는 별을

헤아리며, 우리를 도와준 많은 사람과 짝지었다. 별 하나,
사람 하나. 한 명 한 명이 내 마음의 길잡이별이었다.

병원에 가보라고 권유한 친구에게서 전화를 받았다. 좀
체 말이 트이지 않는 아이 때문에 자책하고 있다는 친구

의 친구 이야기였다. 나는 휴대전화 너머로 불쑥 손을 내밀었다. 할 수 있어요, 엄마잖아요. 늦지 않았어요. 당신은 떠돌이별이 아니라 이어진 별자리 중의 하나예요. 그리고 소망했다. 친구의 친구도 너무 늦지 않게, 밤하늘의 별을 헤아리는 여유를 가질 수 있기를.

교감의 장소

정 원

歲寒然後知 松栢之後凋(세한연후지 송백지후조)

한겨울 추운 날씨가 되어서야

소나무 측백나무가 시들지 않음을 비로소 알 수 있다.

- 《논어(論語)》〈자한(子罕)〉 편

추사 김정희의 〈세한도〉에 새겨진 논어의 한 구절이다. 소나무는 그 꿋꿋함이 한결같아서 어려움에 부닥쳐도 변하지 않는 진정한 친구를 상징한다. 기윤재의 정원에는 소나무 세 그루가 자리하고 있다. 두 그루는 중학교 2학년 때 만났으니까 함께한 시간이 벌써 25년이다. 나머지 하나도 15년이 되었으니 친구로 쳐도 예사 친구는 아니다. 소나무는 활엽수에 비해 생장이 느리기에 매일 보면 변화가 없어 보이지만 종종 몸살을 앓으며 솔잎을 떨굴 때 무상함을 깨우친다. 철없이 지내다가 한 번씩 나이가 들어감을 알아차리는 나처럼 말이다. 우리는 함께 늙어가는 처지이다.

환경의 척박함 속에서도 살아남는 강인함을 보이는 대표적 수종이지만 지난겨울의 추위는 참 가혹해서 맏이 소나무의 한 가지를 잘라내었다. 소나무는 4월이 되면 순이 돋아나며 노란 송홧가루를 날리는데, 아무리 기다려도 키가 큰 맏이 소나무의 아래쪽 가지에 새순이 돋지 않았다. 굵고 탄탄한 가지들의 그늘에서 늘 부침을 겪던 아픈 손가락 같은 존재가 겨울을 버티지 못해 냉해를 입은 것이다. 잘라낸 가지는 차마 태우지 못하고 다듬어서 집안에 들여놓았다.

25년 전 아직은 주택이 대부분을 차지하던 홍대 앞 동교동과 연남동의 경계 지점, 좁은 골목 안 회색 대문 집에 처음 들어섰다. 몇 년간의 아파트 생활을 마치고 곧 이사를 들어올 집이었다. 혼잡한 유흥가에서 몇백 미터만 들어오면 이런 정취를 가진 집이 있다니, 중학생의 눈에도 견고하고 아름답게 지어진 집이란 걸 알 수 있었다.

격자무늬의 육중한 철문 뒤로, 푸른 소나무 두 그루가 보였다. 큰 소나무는 정원의 왼편에서 대문 쪽으로 가지를 드리운 모습이 꼭 등을 굽혀 인사를 하는 모양새이다. 작은 소나무는 다른 나무들에 가려 잘 보이지 않다가 집 안에서 장지문을 열면 커다란 통창 앞에 비로소 모습을 드러낸다. 밖에서는 소나무가 잘 보이지 않는데, 안에서는 소나무에 가려 복잡한 바깥세상이 잘 보이지 않는다.

소나무들은 언제나 신의가 있었다. 등교하는 나를 제일 마지막까지 배웅해주고, 귀가할 때는 제일 처음 맞이해주었다. 대학생이 되어서 밤중에 몰래 철문을 열고 놀러 나가는 것도, 친구와 문 앞에서 아쉬운 작별을 하는 것도 비밀에 부쳐주는 고마운 존재였다. 생각하기에 따라 '반려'의 존재가 사람이나 동물뿐만은 아니다.

빨간 벽돌집에는 재미있는 일화가 있는데, 이 집은 단색

화로 유명한 어느 화가의 집이었다. 짜임새 있는 구조가 매력적인 이유도 있었지만, 이사를 오게 된 결정적 이유는 도심 속 아기자기한 정원과 바로 화가 아내의 이 말 때문이었다. '애들이 모두 서울대에 갔어요.' 엄마는 당시 중학생이던 나의 진로에 좋은 기운을 받으려고 결단을 내리신 것이다. 그러나 기대와 다르게 나나 함께 살던 사촌들 모두 서울대는 가지 못하고 서울 내 S로 시작하는 학교들에 합격했다.

우리는 집의 영험한 기운을 전 주인이 다 써버렸나 보다 하며 이 이야기를 할 때마다 웃었지만 이사를 하면서 이 집에서 받은 특별한 느낌을 새집으로도 옮기고 싶어 했다. 그래서 소나무들이 지금의 기윤재 정원까지 옮겨오게 되었다.

추억이 새겨진 나무는 상록수답게 늘 생생해서 시각적 익숙함이 그 시절의 기억을 일깨우고 추억들은 고스란히 살아 춤춘다. 오늘도 나는 하루만큼 나이를 먹고, 소나무도 세월의 일각을 피할 수 없다. 소나무를 보면 아련한 어린 날의 한 자락을 투영할 수 있기에 정원에 나가 나무를 매만지고, 물을 준다. 결코 아깝지 않은 그 시간이 기운을 샘솟게 한다.

정원이 있는 집에서의 삶의 매력은 자연의 반려를 만나는 기회를 가질 수 있다는 점이다. 어릴 적에 질퍽한 논에서 맨발로 뛰논다고 발이 크게 자라지 않았다는 남편은 산과

들을 지겹도록 봐서인지 도시의 삶을 동경했다.

'차가운 도시 남자'라는 꿈을 앗아간 아내와 서울 변두리에 살면서 나무나 풀에 그다지 관심을 보이지 않는 듯하더니, 뜬금없이 레몬 나무를 사달라고 했다. 이탈리아 포지타노같이 온화한 기후에서나 잘 자라는 레몬이 경기 북부의 칼바람을 이겨낼 리가 없었다. 잘 크지 못할 거라고 여러 번 말해도 확증 편향적으로 무조건 키울 수 있다고 고집을 부려서 들여온 레몬 나무 세 그루.

일생에 레몬과의 상관관계를 전혀 찾아볼 수 없는 남편이 그날부터 매일 정원에 나가 나무를 들여다보고 꽃의 향기를 맡았다. 기막히게 좋은 레몬꽃 향기에 나도 마음이 동하기 시작했다. 남편은 심지어 간이 비닐하우스까지 만들었다. 밤에는 추울까 봐 비닐을 씌워놨다가 아침에는 햇볕을 잘 쬐라고 벗겨놓는 지극 정성의 일과가 지속되었다. 촬영이 있어서 집을 비우는 날에는 내게 잘 챙겨주라고 신신당부까지 한다.

손톱만 한 레몬이 열리던 날, 아기 레몬은 모델 부럽지 않은 피사체가 되었다. 나이가 들면 휴대전화 사진첩에 꽃과 나무 사진이 늘어간다던데 여자한테만 해당하는 말은 아니었나 보다. 대추알만 해진 레몬을 기어이 따와서 "정말 레몬인데!" 하고 맛볼 때의 표정이란.

어떤 대상과 만남부터 죽음까지 삶의 주기를 함께 겪고 나면 교감 능력은 확장된다. 남편의 레몬 나무에서 잎이 하나둘씩 떨어지기 시작했다. 영양제도 꽂고 뒤늦게 화분으로 옮겨 심어 집 안으로 들여왔지만, 도저히 죽을 낯이라고는 생각되지 않는 윤기 나고 빳빳한 잎새들은 남편 속도 모르고 떨어져갔다.

마침내 모든 잎이 떨어져나가고 나무는 살아갈 방편을 잃었다. 남편은 앙상한 가지들을 보며 희망을 놓지 않았다. 혹시 다시 살아나지 않을까. 그와 동시에 다른 생명들이 눈에 들어온다. 또 이렇게 떠나보내지 않도록 마음을 기울이기 시작한다. 그래서 한 줄기의 푸른 생명에 애정을 쏟기 시작하면 점점 정원 전체에 생기가 돌게 된다. 아이도 이런 경험을 쌓으며 크길 바란다. 그래서 정원은 관리하기 쉬운 돌바닥보다 계절에 따라 색이 변하고 비가 오면 젖은 흙냄새가 나는 잔디로 깔았다.

밤새 비가 오고 난 이른 아침, 창문을 열고 젖은 땅에서 나는 냄새를 맡을 때 나는 왠지 모르게 감격스러워 울컥한다. 자연이 주는 본원적인 쾌감을 아이도 품고 자라길 진심으로 바란다. 학교에 다닐 때는 밖에 나가 놀 시간도 부족한데 풀까지 뽑아야 한다고 투덜거리던 내가 나이가 들어서는 풀 뽑기를 농도(農道)라고 부른다. 무릎부터 허리, 목, 팔목까지 온몸이 뻐근해도 머리만큼은 시원해지는 경험을 즐기게 된 것은 자연이란 서서히 스며들기 때문이다.

어느 날, 선생님에게 장갑은 어떨 때 쓰는 거냐고 질문을 받은 아이가 추울 때 끼는 것이 아니라 '풀 뽑을 때 끼는 거요.'라고 답했다는 이야기를 전해 들었을 때, 나는 고개가 젖혀질 정도로 회심의 웃음을 지었다. 그래, 이거야. 잔디 사이에 난 잡풀을 스스로 뽑으면서 땀에 젖은 몸으로 자연과 만나는 경험, 그 경험이 잊히지 않도록 만드는 것이 바로 나의 계획이자 바람이었다. 자연과의 교감은 풀한 포기에서 시작된다.

우리의 정원은 아직 미완성이다. 멋진 건물에 비해 어설픈 정원이지만 아이가 커가는 속도에 맞추어서 길러나가고 싶기 때문이다. 나의 소나무들과 남편의 레몬 나무처럼 아이에게도 품고 자랄 반려 나무가 있으면 좋겠다고 생각했다.

아이는 사과를 무척 좋아한다. 사괏값이나 줄여보자는 농담을 두며 3년생 루비에스 사과나무를 심었다. 루비에스는 아이처럼 앙증맞은 미니 사과이다. 아이는 나무를 심자마자 사과가 언제 열리냐고 묻는다. 오늘도 내일도 열리지 않는 사과나무를 보며 아이는 인내를 배울 것이다. 결실이란 그리 빨리 주어지지 않는다. 나무의 삶의 속도에 사람인 우리가 발맞추어 나가야 한다.

어린나무가 커가는 과정에서 내가 소나무의 냉해 입은 가지를 잘라낼 때, 남편이 레몬 나무 잎새들을 속절없이 보낼 때의 상실감을 아이도 느끼게 될지 모른다. 환경이 잘 맞지 않거나 우리의 관심이 부족하면 나무가 죽을 수도 있다. 그러나 아이는 그 과정에서 언제나 빨간 사과가 주렁주렁 매달릴 날을 고대하며 희망을 버리지 않을 것이다. 물을 주는 아이의 조그만 손을 보니 아이가 아이를 키운다는 생각에 웃음이 났다. 추운 날 더운 날에 따라 울고 웃다가 작은 나무가 무사히 열매를 맺을 때, 아이도 그 나이에 맞는 자신의 열매를 맺기를.

선택의 공간

아이방 2

남편과의 대화는 종종 엉뚱한 방향으로 흘러간다. 켜켜이 꼬치에 끼운 회오리 감자를 보며 지구 단면과 핵 이야기를 할 때도 있고, 훌쩍 오른 자장면 값을 가리키며 인플레이션을, 다시 은행 주가로 빠지기도 한다.

나쁜 소식만 가득한 뉴스를 보다가 어떻게 저런 사람들이 무병장수하는 세상이 가능한 거지? 라며 남편이 혀를 끌끌 찬다. 나는 그 의문에 가장 합리적인 답은 불교의 연기론 같다며 잘 알지도 못하는 주제에 일장 연설을 시작한다. 이승에서 내가 하던 것의 결과는 저승에서라도 받는다는 인과율이 자연의 법칙이 아니라면 세상에는 곡소리만 나서 안 된다고 목청을 높인다. 듣기만 하던 남편이 자신이 다니던 교회 이야기를 꺼낸다.

누가 곁에서 듣기라도 하면 '너네 싸우는 거 아니지?' 할 정도로 맹렬하게 대화에 몰입하는데, 나는 이 치열함이 스스로와 상대방을 존중하는 표현이며 건강한 관계의 반증이라고 생각한다. 내가 무슨 얘길 해도 '그럼 그럼, 네가 옳아.' 하고 받아주기만 하면 오히려 나에 대한 무시나 무관심인가 싶다.

아무튼 남편과 나누는 엉뚱한 대화는 작게 유용하고 크게 실없이 끝이 나버린다. 실없다는 이유는 실컷 서로에게 핏대를 세우다가 한 명이 '아, 배고픈데 떡볶이나 먹을까?' 하면 남은 하나가 '좋지!' 하고 대화가 맥없이 끊겨버려도 하등의 아쉬움이 없어서다.

가장 실없지만 와중에는 항시 과열되던 주제가 가족계획이었다. 대화는 연애 때부터 꼭 달리는 차 안에서 시작되었는데, 아마도 어딘가로 향하고 있다는 미래지향적인 드라이브와의 유사점에서 연상되었는지도 모른다.

당시에 연인인 남편은 자녀는 셋 이상이어야 한다고 고집했다. 목포에 사는 친한 누나가 아들만 셋, 예전에 과외하던 학생네는 막둥이가 생겨서 넷, 대학 선배는 박봉의 연구원이면서도 아이가 일곱 명이라고…. 불가사의할 정도로 그의 주변에는 정규분포도 극단에 위치한 다자녀 가정이 많았다. 그에 반해 나는 둘을 주장했는데 내 주변에는 세 자녀 가족은 거의 없고, 심지어 딩크족까지 있다.

목소리가 점점 높아지다가 아직 생기지도 않은 애를 가지고 괄괄하게 대할 일인가 싶어 실소가 터졌다. 일단 하나 낳아보고 다시 얘기하자는 것으로 싱겁게 결론이 났지만, 이 주제만큼은 항상 찜찜함을 남겼다.

우리 가족계획의 최솟값은 두 자녀였기 때문에 기윤재를 설계할 때도 아이방은 두 개로 기획되었다. 인간은 부재 속에서도 존재한다더니 상상의 인간에게도 통하는 말이다. 젖병 물린 아이를 안고 실마리도 없는 둘째 아이를 상상하면서 '아이방 2'를 그렸다. 그건 마치 가상의 소비자를 상정하고 짜는 서비스 기획, 이를테면 커스터머 저니(Customer Journey) 같은 면이 있었다.

아이방은 두 개가 마주 보고 있다. 북쪽에 놓인 둘째 아이를 위한 방은 좁고 길어서 복층으로 만들어 공간을 더 확보하기로 했다. 아이방 2에서는 수납장을 겸한 계단으로, 아이방 1에서는 클라이밍 벽면을 타고 올라가면 복층 다락에서 만나게 되어 있다.

두 아이가 함께 다락에서 노는 상상을 한다. 각자의 침대에 누워 다락에 뚫린 벽을 통해 옆에 있는 듯이 대화하는 장면도 그려본다. 아이들이 크면 서로의 프라이버시를 위해 가벽을 세워서 다락을 나눠줄 생각이었다. 아이방 2가 평면이 더 작으니까 다락은 더 넓게, 그래서 둘이 공평하게 전체 공간을 나눠 쓸 수 있도록 말이다. 공용 다락으로 연결되는 문도 막아줘야지. 내가 불쑥 열고 들어가면 안되니까. 완벽한 계획이었다. 둘째 아이가 태어나기만 했다면.


왜 하필 둘을 고집했던가. 준거집단의 평균값은 해야 한다는 자존심이 얼마간의 이유가 되었을 것이다. 하지만 무엇보다도 외동인 나에게 부모와 두 자녀, 4라는 숫자는 '넉넉한 균형'을 의미했기 때문이다.

가정(家庭)이라는 단어에는 부부를 중심으로 이루어진 혈연 공동체라는 의미와 그들이 생활하는 집이라는 의미가 함께 들어가 있다. 공동체가 한 지붕 아래 사는 것이다. 지붕을 받드는 기둥으로는 보통 네 개가 필요하다. 삼발이가 되어도 균형이 맞는다. 그러나 그때부터는 위태롭다. '아슬한 균형'이 된다.

종종 나의 부재를 상상했다. 내가 아플 때, 사고가 났을 때, 부모님과 멀리 떨어져 외국에서 지낼 때. 혹시라도 이 지붕이 내려앉지는 않을까 조마스러웠다. 그러면 혼자가 익숙하기도, 편하기도 한 외동의 일상에 형제자매가 있으면 좋겠다는 생각이 불쑥 끼어들었다. 나의 부재를 채워줄, 또 다른 나라는 존재가 절실했다. 그게 동기(同氣)의 진짜 의미가 아닐까 생각하면서.

부재에 대한 의식은 내가 이룰 가정에도 내리 옮아갔다. 신변을 살뜰히 챙기는 편이 아님에도 일어날지도 모를 후일을 살피는 처연함이, 내 속에 옹그리고 있었다. 내가 없더라도 아이가 거울처럼 서로 비춰보고 의지하며 살아갈 또 다른 나이기도, 그이기도 한 존재가 있기를 바랐다.

그러나 사람이 오늘만 사는 관성에 쫓다 보니 두 해가 훌쩍 지나버리더라. 남편과 나는 둘째 아이에 대한 생각을 접었다. 어느 날 아이가 개구리와 앵무새가 그려진 포인트 벽지가 아기용이라고 타박했다. 자기 수준에 맞지 않는다는 소리이다. 아이는 이 방이 애초에 자신의 놀이방으로 만들어진 줄 알고 있다. 나는 이 유치한 벽지를 볼 때마다 옛날의 찜찜함을 떠올렸다. 그건 예감이었다. 계획대로 하지 못할 예감과 그에 따른 부채감. 나는 여전히 아슬한 균형 속에 있었다.

기윤재에서의 두 번째 겨울, 난방을 처음 튼 날 밤이었다.

추위로 수축해 있던 나무 골조에 뜨거운 물줄기가 스치면 바드득- 우두둑- 하며 용트림을 한다. 집을 쥐어트는 그 대단한 소리에서 느껴지는 생동감은 같은 집, 같은 자리에서 잠들고 일어나는 일이 더 이상 생소하지 않을 때나 돋아나는 여유의 감성이었다. 느닷없이 어제의 가족계획은 실없는 이야기가 되어버렸지만, 오늘 다시, 다른 선택을 할 수 있겠다는 마음이 들었다. 내일 피울 씨앗은 오늘 심어야 한다. 세상을 관통하는 법칙이 인과율이라는 믿음에 변함없던 나는 기회주의자가 된 듯 그 마음을 낚아채었다.

뒷집의 앙상한 은행나무가 들여다보이는 창문 앞 책상을 정돈했다. 둘째 아이가 태어났다면 쓰게 되었을지 모르는 책상이었다. 더 늦기 전에 나는 이 방에, 이 책상에 앉아 나의 부재를 대신할 존재를 낳기로 했다. 검은 머리 사람 형상 대신 검은 글씨로. 진정한 나를 찾겠다는 포부나 다른 이에게 큰 영향을 미치고 싶다는 건설적인 이유가 아니었다. 내게 나를 꼭 닮은 실체를 생산할 능력이 남아 있음을 믿기 때문이었다.

작게 유용한 대화들은 이제 실(實)없이 사라지지 않고, 생각의 배아가 된다. 몽글한 그것이 부지런히 분열해서 묵직하게 배를 불려갈 때의 충만함이 부채감에 휩쓸려 흔들리던 균형을 잡아준다. 언어의 생명을 얻어 세상에 태어날 또 다른 나에 대한 설렘이 다시 책상에 앉는 힘이 된다.

아이는 차차 엄마와 이 방을 공유하고 있음을 받아들인

다. 엄마의 글이 여물 때까지, 아이는 곁에서 팽이를 돌린
다. 계절이 여러 번 지나 창밖 은행나무에 노란 잎이 성성
해졌을 때가 되어서야 적잖은 하얀 종이를 들추며 아이가
말했다.

"나도 나중에 엄마 글씨 읽고 싶다."

아직 글씨와 글의 차이를 모르는 너는 언젠가 이 모든 시
작에 네가 있었음을 알게 될 것이다. 글씨들이 모여 글이
되는 일이 엄마에게 어떤 의미인지도 알아채겠지. 그때가
오면, 나를 닮은 글 속에서 내 안에 담겨 있었지만 말로는
전하지 못한 것들을 읽어주면 좋겠다. 외동인 너에게 문
득 외로움이 찾아올 때, 너의 균형이 위태롭게 느껴지는
어떤 날, 여전히 너에게 하고 싶은 이야기가 많은 엄마가
있다는 걸 기억해주길 바란다. 하지만 엄마 이야기라고
'그럼 그럼' 하고 무조건 받아주는 건 사양한다. 나는 너
와도 때때로 한판 붙고 싶으니까. 그래서 엄마는 치열하
게 쓰려고 한다.

수컷의 바람

비밀의 방

남자에게 '나의' 공간을 갖는 일은 욕망의 문제였다. 단순히 원하는 수준으로는 감히 꺼낼 수도 없는 말. 1년에 한번 휴가를 얻어 오시는 아버지에게서 리비아 건설 현장 이야기를 들으며 사막의 태양을 상상했다. 한 줄, 두 줄. 벌겋게 그을린 아버지 얼굴에 새겨지는 나이테를 보고 있노라면, 남자의 욕망은 작열하는 태양 아래서 말라비틀어졌다. 굳게 닫힌 누나의 방문을 쳐다보았다. 내 방 따위야 아무렴.

조숙한 남자는 이제 자신이 '내' 방이 필요했는지조차 잊어버렸다. 대신 다른 능력을 얻었다. 남자는 듣고 싶지 않은 소리에 귀 닫을 수 있었다. 보는 이 없이도 늘 틀어져 있는 TV 소리와 소란한 기계 소리로 뒤범벅된 신문배급소의 한구석에서 교과서를 묵묵히 읽을 수 있었다. 군대 동기가 귀에 대고 코를 골아도 3초 만에 깊은 잠에 빠져

들 수 있었고, 서울과 대전을 오가는 입석 기차간에서도 고시 공부를 할 수 있었다. 남자의 능력은 마치 상처 위에 돋아난 두껍고 단단한 굳은살 같았다. 그것이 남자의 매력이었다. 나는 속으로 너는 그 매력으로 방 대신 나를 얻었다며 웃었다.

집을 지으면서 남자의 욕망은 다시금 움텄다. 남편은 자기 방을 가져본 적 없지만 괜찮았다며 웃었고, 나는 그 하얀 거짓말을 알아챘다. 다른 건 모두 내 마음대로 짓고, 자기는 방 하나만 달라고 하면서 내민 사진 한 장. 외국 남자아이가 계단을 머리 위로 들어 올리며 웃고 있다. 남편의 로망이 이 정도라니. 남편은 그'만'의 공간을 바라마지않던 사람이다. 그렇게 다락으로 올라가는 계단은 유일하게 '남편의' 방으로 들어갈 수 있는 문이 되었다. 계단

아래에, 아니 계단 속에 알려주지 않으면 존재를 알 수 없는 '비밀의 방'이 생겨났다. 집 지을 자금도 함께 모았고, 집의 명의도 반반으로 하기로 했는데 남편은 이 방 하나를 사수하기 위해서 다른 모든 것을 스스로 내놓았다.

예전에 한 종편에서 〈수컷의 방을 사수하라〉라는 프로그램을 방송했다. 남편들이 원하는 공간을 꾸며주겠다며 아내 몰래 각 집 거실에 해수 낚시터, RC카 서킷, UFC 옥타곤 케이지 등을 설치했다. 외출했다 돌아온 아내들이 TV 속에서 기함할 듯이 놀랐다. 비현실적인 현실을 시청하던 나도 덩달아 놀랐다.
"오빠가 저기 나가게 되면, 거실에 뭐 만들어달라고 할 거야?"
"에이, 거실은 좀 심했지."
남편은 알아서 꼬리를 말아 넣었지만, 눈에는 한 줄기 빛이 스쳐 갔다. 그 빛이 대리만족의 쾌감이었음을 다시보기 방송에 달린 수많은 댓글에서 깨달았다. '수컷', '사수'라는 원초적이고 자극적인 단어들은 남자들이 자기 공간을 열망하고 그 공간을 위해 투쟁하고 있다는 뉘앙스를 드러내주었다.

사실 자신들의 자리를 위한 투쟁은 역사적으로 남성이 아니라 여성 몫이었다. 우리는 자신의 공간, 자신의 자리를 갖는 것이 인생에서 얼마나 중요한 일인지 알고 있다. 태어날 자리는 내가 정하지 못했지만, 살아갈 자리는 선택하고 싶다. 그것은 인간의 존엄과 연결된다. 내 자리를 찾아가는 과정은 한 존재로 인정받기 위한 독립운동과 같다. 그런데 자원의 한 종류인 공간은 한정되어 있기에 정치적이다. 공간의 크기와 배치는 구성원의 관계를 은유한다. 오랫동안 공간은 모든 분야가 남성 중심으로 돌아가는 시대상을 고스란히 담아냈다.

이분법에 익숙한 사람들은 공간을 남성, 여성 외에도 공과 사, 안과 밖, 중심과 주변으로 갈라왔고, 사회가 우선시하는 것들을 줄 그어 짝짓는 문제처럼 연결했다. 중심-공적 기능-남성 이런 식으로 말이다. 사적인 공간에서 탈출해 남성화된 사회로 진출하는 것은 여성 운동의 핵심 주제 중 하나였다.

사람들은 이제 중심-밖-공적 기능-여성이라는 연결에 반론을 제기하지 않는다. 그런데 주변-안-사적 기능-남성이라는 연결은? '바깥'일을 해오던 남자들이 집 '안'에 오래 머무르는 일을 사회에서는 여전히 낯설고 불편해한다.


남녀가 가장 유별했던 조선시대 중기 이후의 가옥은 안채와 사랑채로 나뉜다. 사랑채는 남자들의 응접실이자 공부방이었다. 주로 집의 입구에 자리 잡고 있었다. 남자들은 종일 사랑채에 머물렀고, 저녁 늦게야 안채로 건너갔다가 새벽녘에 돌아왔다. 안채는 여성과 아이들의 공간이다. 실질적으로 입고, 먹고, 자는 집의 기능을 여기서 수행했다. 시대가 변해 산업화, 도시화가 진행되자 남자들은 매일 아침 또는 오랜 기간 동안 먼 곳으로 일을 떠났다. 주인 잃은 사랑채는 서서히 사라졌다. 남성의 공간인 사랑채와 여성의 공간인 안채가 동등하게 자리 잡던 집의 형태는 안채 기능들을 중심으로 재편되었다.

그 잔재일까. 우리집에도 오래도록 아빠의 방은 없었다. 기억 속의 아빠는 항상 거실에 계셨다. 그때는 아빠가 손에 쥐고 놓지 않는 리모컨이 여기까지는 내주지 않겠다는 무언의 투쟁인 줄 몰랐다. 그저 왕이 손에 쥔 홀(笏)처럼 권위의 상징인 줄로만 알았다.

내가 결혼하기 직전에 방 하나가 더 여유 있는 아파트로 이사를 하고서야 아빠가 엄마에게 서재를 만들어달라고 했다. 그때쯤에, 집에 서재 만들기 열풍이 불었다. 그러나 우리 아빠와 더불어 많은 아빠들이 자신의 공간을 완벽하게 사수하지는 못했다. 서재는 아이들이 숙제를 하는 피시방이 되거나, 손님방, 계절 지난 이불이나 옷, 선풍기를 보관하는 창고 방을 겸하기 일쑤였다. 우리 가족이 놀러 가면 아빠는 방을 내어주고 다시 거실로 나가신다.

그래도 아빠에게 '내' 방이라고 부를 공간이 생겼다는 게 어떤 의미일까 생각하면, 그 종편 프로그램이 예능의 탈을 뒤집어쓴 대담한 남성 운동의 현장으로 보인다. 어릴 적에는 아들이라서, 커서는 남편이라서, 아버지라서 양보해온 공간을 탈환하겠다는 아우성의 현장.

남편은 고대하던 자기 방이 생겼지만, 마음 편히 그 방에 드나들지 못한다. 아이에게 들키기 싫어서 아이가 유치원 간 사이 또는 잠든 밤에만 잠깐씩 드나드는 걸 보면 애잔하다. 가끔 쓸모가 있긴 한가? 하는 생각을 하지만, 남편이 "내 방이잖아. 내가 알아서 할게."라며 선을 그을 때마다 그 방의 먼지 한 톨까지도 남편의 소유임을 되새긴다. 계단 아래 꼭꼭 숨은 비밀의 방에는 누구에게도 방해받지 않고 자신의 공간을 완벽하게 소유하고 싶어 한 한 남자의 오랜 바람이 담겨 있다.

중간 장소

차고

커피를 마시지 않고, 술도 거의 하지 않는 프리랜서 남편은 집 말고 갈 곳이 딱히 없었다. 시간에 구애받지 않고 동료들과 만나 작품 이야기나 한담을 나눌 장소가 마땅치 않았다. 코로나19가 닥치면서 선택지는 더욱 줄었다.

"편의점 밖에 앉아서 이야기하다가 왔어."

촬영을 마치고 새벽 2시까지 편의점 테이블에서 대본 이야기를 했다는 말에 나는 한숨을 쉬었다. 이다지도 갈 곳이 없나. 여름밤의 끈적한 공기만큼 찝찝하고, 실은 낯익은 의문이었다.

대림동 아파트에 살 적에 복도 창문 너머에 검은 형체들이 방을 들여다보는 꿈을 자주 꿨다. 그것들이 웃음을 터뜨리던 순간에 눈을 뜨곤 했는데 그 웃음소리가 꿈이 아닌 날도 있었다.
문턱과 방문 사이 얇은 틈새로 허연 빛, 낮고 낯선 목소리들이 흘러들었다. 문을 열어보지 않고도 문 밖 장면을 그려본다. 유리를 얹은 등나무 원탁에 아빠와 회사 동료 셋이 둘러앉아 포커게임을 하고 있다. 이런 날이 몇 번째던가. 반짝하는 희열과 짧은 탄식, 가벼운 욕지거리가 뒤섞인 남자 어른들의 자리. 자다 깬 김에 화장실에 가볼까도 하지만, 방문을 열면 아저씨들이 시끄러워서 깼냐며 미안하다고 할 것 같았다. 어린 여학생에게는 그런 말을 능란하게 웃어넘길 재주가 없다. 목소리들을 등지고 벽 쪽으로 돌아눕는다.

여기 말고는 갈 곳이 없는 건가.

갈 곳이 없을 리가 없었다. 당장 이 밤거리를 나서면 사방에서 손을 뻗칠 것이다. 회사에서 집으로 돌아오는 거리에는 아빠의 걸음을 멈춰 세우기 위해 더 밝게, 더 화려하게 빛나는 네온사인들이 즐비하다. 인공의 불빛으로 둘러싸인 건물이 타오르는 불구덩이처럼 보인다. 사람들이 그 속으로 불나방처럼 돌진한다. 하지만 건물을 나올 때는 대부분 방향을 잡지 못하고 비틀거린다. '거리'는 점차 우연한 즐거움보다는 불온한 방황이라는 말이 어울리는 곳이 되어간다. 결국 아빠의 귀갓길에 놓인 장소들이란 몸의 감각을 잃을 만큼의 술을 곁들이지 않고서는 존재할 수 없었다. 그 안에서 보낼 시간의 질도 큰 기대 없는 수준일 거라고 짐작했다.

당시 열한 살이던 내가 하굣길에 방앗간처럼 들르던 곳은 문방구 앞 평상이었다. 그곳은 우리들의 아고라였다. 앉아만 있어도 매일같이 새롭고 즐거운 일이 일어났다. 학교의 갖은 가십거리가 오가고, 한쪽에서는 희귀한 따조 스티커를 흥정한다. 즉흥적으로 딱지나 미니카 시합이 열리기도 했다. 사소한 말다툼에서 머리채까지 잡는 큰 싸

움도 비일비재했는데 그때마다 문방구 아저씨가 중재를 잘해주었다. 골목길 평상 같은 곳이 아빠에게는 왜 없을까. 거리에 선 아빠 세대의 어른에게는 갈 곳이 없는 게 아니라 갈 만한 곳이 없다는 게 문제였다.

"차라리 사람들이랑 집으로 와."
엄마는 미혹하는 밤거리에 대한 불안 대신 불편을 감수하기로 했다. 간단히 상을 봐주고 나서 엄마는 안방으로 들어갔다. 집 중앙에 주방이, 원탁이 배치된 작은 아파트에서 손님들과 마주치지 않을 방법은 방에서 나오지 않는 것뿐이다.

아빠는 손님들과 살갑게 어울리지 못하는 엄마에게 서운했을지도 모른다. 하지만 엄마도 종일 일터에서 묻어온 감정의 찌꺼기들을 비워낼 시간이 필요했다. 가까스로 비워내면 날이 밝았다. 실상 아빠보다 엄마의 상황은 더 열악했다. 미련하게도 집 아니면 일. 그 외에는 스스로 어떤 장소도, 시간도 허락하지 않았다. 설령 일상에 여가가 생겨도 개인의 즐거움으로 채우는 사치 같은 건 부릴 생각도 하지 못했다.

우리의 엄마들은 발에 줄을 묶고 자란 코끼리들 같았다. 집은 그녀들을 구속하는 갑갑한 공간이면서 동시에 벗어나고 싶지 않은 절대 안정의 공간이었다. 그런 집마저도 손님들에게 내어줘야 한다면 어떤 심정이었을까. 안방 문도 내 방문처럼 밤새 열리지 않았다.

어느 날, 냉장고에서 오렌지 주스 병을 꺼내다 손에서 놓쳐버렸다. 덜 닫힌 뚜껑을 잡아 올린 게 화근이었다. 유리병이 산산이 조각나면서 온 주방에 유리 파편과 노란 액체가 흩어졌다. 가뜩이나 당황해서 얼어붙어 있는데 엄마가 불같이 화를 냈다. 엄마는 화를 낼 구실이 필요했다. 나는 그걸 알면서도 엄마를 한동안 원망했다. 완벽하게 상대가 될 수 없기에 완벽하게 이해할 수 없었던 까닭이리라. 세 가족 누구도 일상에 만족스럽지 않은 시기였다.

삶에서 집과 학교, 집과 일터 사이에서 일상을 지탱해줄 어떤 다른 장소가 필요하다는 사실을 우리는 본능적으로 알고 있다. 우리는 그런 장소를 '방앗간'이라고도 하고, '아지트'라고도 한다. 이름이야 어떻든 간에, 가정과 일에서 얻는 다양한 감정의 쿠션이면서 새로운 경험을 위한 앨리스의 토끼 굴을 찾는 것이다. 하지만 이런 장소는 찾기만 해서는 완성되지 않는다. 시간을 두고 그 장소에서 편안함과 설렘을 여러 번 경험해봐야 비로소 언제 가도 같은 것을 기대하게 되는, 특별한 정체성을 입은 장소가 되는 것이다. '장소성'이란 그런 의미이다.

아빠는 그때 그런 장소를 갖지 못했다. 단순히 당시 거리에 놓여 있던 장소 중에 아빠 눈에 드는 곳이 없었기 때문인지, 아니면 경험을 더하면서 어떤 장소에 품었던 기대가 상실되어서인지는 모르겠다. 중요한 건, 그 어떤 다른 장소에서 덜거나 채워야 하는 것들을 집이 부담해야만 했다는 점과 바로 지금, 남편도 그런 장소를 갖지 못했다는 사실이다. 남편은 나의 아빠처럼 거리에 서 있었다.

공공의 성격을 가진 장소들은 점점 사라져가고, '여가'는 '소비'와 같은 말이 되면서 모든 장소와 그 장소에서 이루어지는 행위들에 효율을 생각하게 되었다. 자리에 머무는 시간만큼 돈으로 환산되는 거리에서 남편이 할 수 있는 가장 현명한 선택은 편의점 앞 테이블이었다. 그는 별다른 감정을 내비치지 않고 편의점 이야기를 꺼냈지만, 나는 불쑥 데자뷔를 느꼈고 그 옛날 만족스럽지 못했던 시기의 상황과 감정마저도 되살아날까 봐 덜컥 불안했다. 엄마처럼 나의 영역을 희생할 수도 없기에 더욱 그랬다.

남편에게 필요한 장소는 집과 일터의 중간 장소였다. 둘의 경계가 모호한 남편은 일과 놀이의 영역에서도 그랬다. 그는 '난 이 일을 하면서 한 번도 재미없던 적이 없어. 그랬다면 진작 그만뒀겠지.'라고 말하는 사람이고, 이런 삶을 추구하는 이는 굳이 일터 밖에서 즐거움을 찾을 필요가 없었다. 사람들과 편히 만나서 일도 하고 놀기도 하면서, 집과는 멀지 않은 그런 장소를 찾아야 했다.

"차고를 좀 바꿔주면 좋겠어."

여름이 지나기 전에 남편이 의외로 가까운 곳에서 해답을 찾아왔다. 10평 가까이 되는 벙커 차고는 참 흥미로운 반(半)의 공간이었다. 완벽하게 집 안에 존재하지도, 밖에 존재하지도 않는다. 집과 출입구를 따로 두어서 누구라도 쉽게 드나들 수 있다. 주거 공간의 독립성을 지켜주면서 그 자신의 독립성도 얻는다. 중립적인 위치만큼, 모양도 단순해서 활용도도 높다.

나는 이 가능성을 가진 공간에서 시작한 유명한 회사들을 기억해냈다. 그들이 차고를 선택한 건, 집 안의 안락한 온기는 나누어 가지면서 바깥세상의 냉엄한 외기는 적당히 막아주는 중간 장소이기 때문이다. 그곳에서 부담 없이 자신들의 꿈을 실험할 수 있었을 거다.

나는 두말 하지 않고 남편에게 좋다고 했다. 차고에는 '필요'라는 명분이 붙었지만, 사실 일정한 장소에 편하게 모이고 싶은 그의 '욕망'을 물리적으로 바꾼 것이다. 그래서 차고의 원래 기능이란 그다지 중요하지 않았다. 내 어릴 적 문방구 앞 평상은 나와 친구들에게 그저 선택되었을 뿐이다.

남편은 비밀의 방을 만들 때만큼 들떠 보였지만, 하나하나 모두 내게 의견을 물었다. 여전히 완벽하게 상대방이 될 수 없는 부족한 사람이지만, 그가 좋아할 만한 것들을 최선으로 헤아려보기로 했다. 가구단지에 가서 미송으로 마감된 벽과 어울리는 소나무 떡판 테이블을 준비했다. 빨간 냉장고에는 음료수를 가득 채워 넣고, 빔프로젝터를 달고, 커다란 칠판도 구했다. 남편은 어느새 오락실에서

만 보던 펌프 게임기도 들여놨다.

주말에 집에 놀러 오신 부모님에게 제법 그럴싸해진 차고를 보여드렸다. 아빠는 자기 공간도 아니면서 그렇게 좋아했다. 대리만족인 걸까. 그 모습에서 젊은 시절의 아빠 얼굴이 언뜻 보인 것도 같다. 곁에 선 엄마도 당신만의 중간 장소를 꿈꾸고 있는지 말없이 웃는다. 아마도 큰 연습실이겠지. 마음이 한결 가벼워진 나는 남편에게 선언했다.

"자, 이제 준비됐어. 다들 차고로 데리고 와!"

나누는 공간

거실

서른 해 훌쩍 넘게 인생에 서로 다른 점을 찍으며 살아온 우리는 서로의 관점을 이해할 시간이 필요했다. 결혼 전에 어림짐작만 한 것들이 결혼 후에는 치열한 화두가 되었다. 나뭇가지가 맞닿아 엉켜 마치 한 나무처럼 자라게 되는 연리지를 부부에 비유하지만, 위로는 하나인 듯 보여도 두 가지의 뿌리는 하나가 될 수 없다. 우리 두 사람 생각의 뿌리도 그렇다. 다만 마음 깊은 이해를 원하고 누구보다 그 뿌리에 가까워지려고 노력하는 것이 부부이다.

차를 한잔 우리고 거실에 마주 앉았다. 종이를 꺼냈다. 펜을 종이에 휘갈기는 소리에 그 긴 밤이 더욱 깊어지게 하는 마법을 느끼면서, 사람, 경제, 정치, 미래… 세상에 떠도는 이야기부터 깊게 가라앉은 이야기까지 어떤 것이든 나누길 좋아했다. 대화에 김매기를 하지 않으니 하나의 주제에 잡초처럼 이런저런 다른 주제들이 피어났다. 오히려 의식의 흐름대로 흘러가는 격의 없는 대화에서 서로를 이해할 실마리를 건져 올리곤 했다. 양보할 수 없는 팽

팽한 구간을 맞이하면 약간은 목소리가 높아지기도 했다. 다음 날 보면 종이에는 논리도 결론도 하나 없는 무용한 끄적임만 가득했지만, 그 흔적이 극기 훈련 뒤에나 느낄 수 있는 끈끈한 연대감 같은 것을 주었다.

"우리집이 '지은 것 같은 집'이면 좋겠어."

이상적인 집에 관해 이야기 나누는 첫 시간, 남편의 말을 듣고 잠시 아무 말도 하지 못했다. 우리의 연대감은 집짓기라는 공동의 목표가 생기면서 시험대에 올랐다. 집이 그러면 다 지은 집이지, 하늘에서 떨어지나 땅에서 솟아나나. 이후에도 그는 같은 이야기를 자주 했지만, 이리저리 물어도 더 이상 설명하기를 어려워했다.

하나의 점, 하나의 선과 같은 말들을 쌓아 올려 3차원 체적의 공간을 그려내야 하는 건축의 언어는 제2외국어처럼 낯설고 어려웠다. '언어는 존재의 집'이라지만, 언어가 서투니 집도, 절도 없는 존재가 된 기분이었다. 예전처럼 거실에 마주 앉았어도 남편의 언어와 나의 언어는 오리무중, 짙은 안개 속에서 헤매고 있었다.

이런 구조, 저런 장치, 그런 모양…. 형용할 수 없는 것들은 하릴없이 '이런, 저런, 그런'의 지시대명사로 변질했다. 말하는 이에게는 확신이 없고, 듣는 이에게는 상상력이 있어야 하는 '왜 그런 거 있잖아.' 같은 말에는 슬쩍 짜증부터 올라왔다. 갯벌 위에서 치르는 2인3각 경기 같다고 해야 할까. 앞으로 나가려는 마음은 같은데 함께 발을 딛을수록 추진력을 잃는 느낌이었다.

그래도 절대 쓸모없지 않았던, 밤의 대화들이 만들어준 연대감은 여전히 갯골을 메우며 흐르고 있었다. 어느 별에서 왔냐고 물을 정도로 다른 두 사람이, 서로에게 길들이기를 허용하고 이상을 나누는 일은 얼마나 신비로운 일인지 알기에, 함께 방법을 찾기로 했다. 거실 바닥에 설계도를 펼쳐놓았다. 평면의 설계도라도 자주 보고 익혀야 입체적인 대화가 되겠다 싶었기 때문이다. 공간에 수정이 필요하다 싶으면, 공간의 실제 크기만큼 바닥과 벽에 마스킹 테이프를 붙였다.

　　"욕조가 이만은 해야지."
　　"다락 높이가 이 정도밖에 안 되는데. 무슨 방법이 없을까?"
　　"내 방은 딱 이만 하면 돼. 그리고 입구를 문인지 모르게 하려고. 책장을 이렇게 미는 문 있잖아. 영화에서 봤지?"

우리는 대명사들이 지시하는 대상을 그리고 만들면서 표현했다. 몸으로 어렴풋이 경험하고 말이 그 뒤를 가까스로 따라붙는 지난한 과정을 지나고 나서야, 남편에게 확고한 기준인 '지은 것 같은 집'을 이해하게 되었다. 그는 비범한 집을 원했다. 팔려고 해도 아무나 살 거 같지는 않은 집. 그런 집.

이윽고 두 사람의 발걸음이 맞아 들어가기 시작했지만, 공사 현장에는 우리의 노력과는 별개로 매일같이 도전적인 문제들이 발생했다. 나는 직업적으로 이해관계자들 사이의 문제 상황을 파악하고 해결하는 역할을 해왔다. 직무와 연관된 소양도 내 집을 짓는 일에서만큼은 무엇 하나 그냥 얻어지게끔 도와주지 못했다.

현장에서는 수정해달라는 요구에 대부분 적극적이었지만 시공에 잔뼈가 굵은 기술자들은 종종 일하는 스타일을 고집해 갈등을 빚어냈다. 이성적으로 풀어야 할 문제가 감정적으로 추슬러야 하는 문제로 번지기도 했다. 문제가 발생한 것에 아쉬움을 드러내는 말들로 하루가 점철되었고, 한숨을 쉬었고, 부정적 감정이 상관없는 일상에도 날을 세우게 했다. 그래도 다시 종이를 꺼내 들었다.

공사 기간에는 친정에 머물면서 친정집 거실이 전략회의실이 되었다. 거실은 팔러(Parlor)라고도 부르는데 프랑스어의 '말하다(Parler)'에서 파생된 말로, 대화를 나누는 공간이라는 뜻이다. 이름이 담은 의미대로 남편과 나는 하루 동안 각자 더하고 곱한 생각을 거실에 모여 덜고 나누었다. 부모님의 입까지 보태어지니, 사방에 낭자한 말들을 주워 담는 데 정신이 없을 정도였다. 종이에는 서서히 쓸모 있는 전략과 구체적인 대안이 쓰여나갔다.

"누가 착한 역 할래?"

우리는 대부분의 문제에서 '굿 캅 배드 캅' 전략을 사용하기로 했다. 원래 경찰이 쓰는 수사 전략인데, 고전적인 협상 기술로도 알려져 있다. 두 사람이 팀을 이루어서 한 사람은 상대를 강하게 압박해 심리적으로 위축되게 만들어 놓는다. 뒤이어 다른 한 사람이 우호적인 태도로 소통해 의도한 것을 상대에게서 끌어내는 방법이다.

남편은 시공의 효율, 기술적 부분, 마감 수준 등에 신경을 많이 썼고, 나는 디자인의 구현, 내장재의 재질, 컬러 등에 민감했다. 자신이 예민한 부분에서 문제가 생겼을 때만 배드 캅이 되어 담당자에게 강력하게 수정을 요구한다. 남은 사람은 완곡한 태도로 앞선 일로 생겼을지 모르는 감정적 엔트로피들을 걷어내도록 한다.

시공자는 이해관계에서 플러스를 위한 방향이 늘 같지만은 않은, 그러나 예의를 지키며 존중의 관계를 유지하는 것이 서로에게 분명한 플러스가 되는 사이이다. 굿 캅의 보완적 대응은 하나의 일에 대한 맺음이자 다음 일을 위한 초석이 되었고, 그렇게 한발 한발 무사히 결승선을 통과했다.

남편과 나는 오늘도 거실에 마주 앉는다. 거실은 1층과 2층 사이, 중층에 자리한다. 집 안의 굵직한 동선들이 이곳을 지나 다음 공간으로 이어지듯, 집안의 대소사가 모두 이

자리를 거쳐 간다. 나와 그, 우리와 그들 사이의 다름을 이해하고자 생각을 나눈다. 나누기에 더 큰 것을 기대하는 밤. 밤이 깊어간다.

창조의 장소

샌드박스

두껍아, 두껍아 헌 집 줄게, 새집 다오!

아이가 손등을 젖은 모래로 덮는다. 남은 손으로 모래를
탄탄하게 다진다. 두꺼비에게 등가교환의 법칙에 위배되
는, 불평등 거래를 요구하면서도 아이의 목소리는 당당하
다. 모래를 두들긴 손가락 자국이 울퉁불퉁한 두꺼비 등
을 연상시킨다. 깊숙이 묻었던 손을 살그머니 빼니 작은
모래집이 생겨났다. 아이는 그 옆으로 다시 손을 쑤욱 집
어넣는다. 노랫말은 반복되고 한 집, 두 집… 집들이 차차
완성된다. 그 사이를 잇는 길을 닦으면서 집을 만든 방식
과 비슷하게 지하 터널을 뚫기도 하고, 둥근 오름을 만들
기도 한다. 아이가 수그린 작은 머리가 무겁다고 느낀다.
고개를 들어보니 샌드박스 안에는 하나의 도시가 완성되
어 있다. 오늘은 개미들이 사는 도시란다.

도시의 울타리는 가로 2.5m, 세로 3m. 태국의 수상시장에서 볼 법한 차양막을 단 배 모양이다. 아이의 네 번째 어린이날을 위해 남편과 내가 손수 샌드박스를 만들었다. 첫날은 방킬라이 나무 패널을 철물점에서 빌려온 전기톱으로 자르고, 드릴로 못을 박아 모양을 잡았다. 둘째 날에는 바닥에 잡초 방지 매트를 깔고 담벼락에 한 트럭 쌓아둔 모래를 농수레로 실어 날랐다. 어린이날 하루 전인 마지막 날, 사변에 기둥을 세우고 주문해둔 차양막을 씌워 완성했다.

만드는 3일 동안 기습적으로 비가 쏟아졌다. 비 오듯 흐르는 땀을 진짜 비가 씻어 내리는 동안에도 우리는 쉴 수가 없었다. 아이가 자신이 받을 선물이 만들어지는 모습을 감독하며 설렘을 충족했기 때문이다. 만족감이 양은 냄비처럼 한순간에 끓어오르고 식어버리는 깜짝 선물이 아니라, 뚝배기처럼 뭉근하게 뜨거워지고 오래도록 여운이 남는 선물이었다.

선물 포장도 할 수 없는 이 커다란 샌드박스를 만들게 된 것은 두 가지 이유에서였다. 모래는 내 유년의 기억에서 가장 즐거운 만들기 재료였고, 그런 모래가 요즘은 놀이터에서 자취를 감추었기 때문이다.

한 번도 보지 못한 코끼리(象)의 모양을 머릿속에 그려내는 데서 상상(想像)이라는 말이 생겨났다. 이 작은 샌드박스가 경험하지 못한 것, 존재하는지 안 하는지조차 모르는 것을 상상하는 공간이 되길 바랐다. 마음속으로 그려본 것을 손으로 만들어내는 창조의 무대가 되길 바랐다. 모래 가득하던 그 옛날의 놀이터가 내게, 우리 어른들에게 그랬듯이 말이다. 선물이란 주는 이에게는 가설이지만 받는 이에게는 증명이 된다.

선물에 담은 바람대로 아이는 이 작은 공간에서 모래와 물만으로 유토피아를, 때로는 디스토피아를 건설한다. 모래의 모호한 조형은 오히려 상상력을 채워 넣을 수 있는 여지를 만들어낸다. 열중해서 튀어나온 아이의 입을, 야무진 꼬막손을 흐뭇하게 지켜보곤 했다. 샌드박스 곁에 놓은 짙은 베이지색 캠핑 의자에 앉아서.

해가 바뀌고 이른 장마로 매일같이 세찬 비가 내리던 어느 날이었다. 잠시 외출한 사이, 차양막에 쌓인 빗물의 무게를 버티지 못하고 기둥이 모두 부러졌다. 주저앉은 기둥과 지붕틀을 해체하고 나니 한숨이 나왔다. 수고롭게 만든 샌드박스가 오래도록 고칠 필요 없이 잘 보존되기를 바랐다. 깜빡하고 차양막을 걷어놓지 못한 내가 원망스럽고, 수리할 생각을 하니 번거로웠다.

"이제 들어가도 돼?"

아이도 처음에는 놀랐다. 그러나 지붕이 사라져서 시야가 훤해진 공간을 곧 마음에 들어 했다. 고개를 끄덕이자 아이는 재빨리 샌드박스에 들어가 쭈그리고 앉는다. 비에 젖어 축축한 모래를 쌓아 성을 세우고, 그 높이만큼 깊게 지하를 파서 성에 들어가는 다리를 놓는다. 아이는 여느 때와 다름없이 만드는 일에 열을 올린다.

여전히 기운이 없었지만 나도 여느 때처럼 의자에 앉아 아이를 지켜보았다. 그리고 발견했다. 아이의 눈에서 희열이 넘치고 미소에서 용기가 스칠 때는 자신의 손으로 만든 모래 세계를 부술 때이다. 첫 손길은 조심스러웠다. 다리의 한가운데를 꾹 눌렀고 아이의 눈이 빛났다. 다음부터는 점점 과감해졌다. 제 손으로 뭉개는 것도 모자라 발로 꾹꾹 눌러 밟으면서 깔깔대는 웃음이 터져 나왔다. 이 아이는 지금 신의 전능함을 엿보는 체험의 무대에 서 있는 건 아닐까. 평평해진 모랫바닥에서 아이는 무언가를 다시 만들기 시작했다.

鑿戶牖以爲室, 當其無, 有室之用

(착호유이위실 당기무 유실지용)

문과 창문을 내어 방을 만드는데,

그 텅 빈(無) 공간이 있어서 방의 기능이 있게 된다.

- 《도덕경》 제11장

샌드박스 안이 개미의 도시로 가득 차 있으면 아이는 더이상 상상하는 다른 세상을 만들 수 없다. 상상도 결국 상상조차 하지 못한, 비어 있던 마음속에서 시작되는 것 아닌가. '유(有)'와 '무(無)'는 손등과 손바닥 같다. 실체로 '있는' 것들은 우리에게 이로움을 주지만, '비어 있'어야 '있는' 것들은 비로소 존재할 수 있다. 이로움이 발현할 수 있다. 공간(空間)이라는 이름에는 비어 있어야(空) 그 안에서 행위와 사건이 일어날 수 있다는 본질이 이미 담겨 있다. 아이는 가르치지 않아도 그것을 정확히 이해하고 있었다.

과학, 예술, 철학의 모든 분야에서 새로운 사조를 만들어낸 건 아이의 눈을 지닌 사람들이다. 그들은 기존의 것을 파괴와 상실로 몰아가는 방아쇠를 당기는 과업을 맡았다. '코페르니쿠스적 전환'이라는 말이 있다. 코페르니쿠스는 16세기 당시에 확고부동한 천동설을 뒤집고 지구가 태양 주위를 돈다는 지동설을 주장했다. 말 그대로 천지가 개벽하는 순간이었다. 세상을 이해하던 공리(公理)에 균열이 생기고 그 빈틈 사이로 갈릴레이, 케플러가 나타났다. 그리고 이어서 뉴턴이 간단한 공식으로 세계의 질서를 다시 세웠다.

1985년, 영국의 〈Illustrated London News〉가 예술가와 비평가를 대상으로 세계에서 가장 위대한 작품을 설문했다. 최고로 뽑힌 작품은 17세기 벨라스케스의 〈시녀들〉이다. 이 그림은 혁명이었다. 언뜻 보기에는 인물과 사물이 매우 세밀하게 묘사된 듯하다. 그런데 가까이 보면 붓 터치가 뭉개져 있다. 알라 프리마(Alla Prima) 기법이다. 이전의 그림들이 관습처럼 정해진 구도에 의미와 상징을 넣어 세밀하게 그렸다면, 이 그림은 물감이 마르기 전에 덧칠하는 기법으로 빠른 시간 내에 사람의 눈에 맺히는 상을 재현해내는 데 초점을 맞추었다. 〈시녀들〉은 마네와 모네의 인상주의를 낳았고, 피카소로 이어졌다. 미술이 기나긴 시간을 뚫고 근, 현대로 나아가는 시점이었다.

인간을 나약하게 만드는 절대적인 가치, 규범, 종교를 타파하기 위해 '신은 죽었다.'라고 외친 19세기 니체는 어떤가. 우리는 그를 망치를 든 철학자라고 부른다. 그는 세상에 존재하는 모든 것을 의심하고 부수는 데 주저하지 않았다. 민주주의의 근본인 평등마저도 부정했다. 그렇지만 평등을 가치로 삼는 사회에 사는 우리에게 그의 철학은 스며들어 있다.

멀리 갈 것도 없다. 시선의 심도를 더 가까이 맞추면 오늘도 수많은 물건과 서비스가 망치를 들고 태어난다. 사람들의 관념이 가득한 곳은 전복시키고, 비어 있는 지점은 송곳처럼 찔러 들어가려고 한다. 니체가 살아 있다면 이것마저 천민자본주의라며 부수려 할지도 모르지만 말이다.

그런 니체마저도 어린아이는 '성스러운 긍정'이라고 했다. 모두 어린아이처럼 되어야 한다고 종용했다. 스스로 만든 상상의 무게에 짓눌리지 않고, 창조와 전복의 반복을 놀이로 즐기는 아이에게서 배운다. 부러진 기둥은 장맛비가 대신 만들어준 새로운 창조의 기회이다. 발에 흙을 묻히기를 싫어하던 내가 신발을 벗고 샌드박스로 들어간다. 한층 밝아진 목소리로 남편에게 말한다.

    "오빠, 우리 이번에는 지붕을 박공 모양으로 만들어볼까? 물이 잘 흘러내리게."

새집은 그냥 얻는 것이 아니다. 헌 집을 부숴야만 새집을 지을 수 있다.

부엌

살림.

순수 우리말로 단어의 생김새도 예쁘지만, 뜻은 더 아름답다. 사전적 의미로는 집안을 이루어 살아가는 일을 뜻한다. 여기서 '집안을 이루어'에 방점을 찍고 보면 살아가는 일은 관계를 맺은 우리가 함께 짊어져야 할 몫이 된다. 함께 온전히 잘 살아감을 고민하는 일이 살림인 것이다.
살림을 꾸려나가는 데 미룰 수 없는 매일의 고민은 먹는 일이다. 먹는 일은 생명을 유지하기 위한 가장 원초적인 행위이지만, 살림의 철학으로 보면 그저 행위에서 그치지 않고 나를 위해서, 나와 관계된 모든 존재를 위해서 무엇을 어떻게, 잘 먹을 것인가까지 고민해야 한다.
프랑스의 미식가인 브리야 사바랭은 《미식예찬》에 "당신이 무엇을 먹었는지 말해달라. 그러면 당신이 어떤 사람인지 알려주겠다."라고 썼다. 우리가 먹는 음식은 우리의 존재를 정의할 수 있을 만큼 중요하다는 의미이다.

> "잘 살 줄 안다는 것은 잘 먹을 줄 안다는 것이고, 잘 먹을 줄 안다는 것은 먹지 말아야 할 것을 아는 것이다."

차살림학을 가르쳐주시는 정동주 선생님이 내게 제일 먼저 해주신 말씀이다. 부엌살림에 여전히 서툰 나는 조리대 앞에 서서 엄마를 떠올린다. 엄마는 외할머니를, 외할머니는 당신의 엄마를 떠올리며 먹지 말아야 할 것을 가려내는 데서 시작된 어머니들의 지혜를 되새김질했을 것이다. 내 가족이 건강하게 잘 먹고 잘 '사는' 법을 고민해온 그녀들이야말로 삶을 음식에 녹여내는 진정한 철학자들 아닌가?

부엌은 철학자의 책상이다. 칼로 생과 사를 분리하고 불로 관계를 통찰하며 사유의 결과를 그릇에 담는다. 살림을 완성한다. 시인 김지하는 한발 더 나아가 부엌에 신성을 부여했다. "부엌일은 이 세상에서 가장 고귀한 제사이며 부엌데기는 이 세상에서 가장 거룩한 사제인 것입니다."라고.

실제로 민간신앙에서 우리의 부엌은 조왕신이 거하며 불을 관장하는 신성한 곳이었다. 인간에게 불이란 의지를 뜻했다. 인간이 인간으로서 살겠다는 의지. 불로 몸을 덥히고, 배를 채우며 존재들을 다루는 연금술을 꿈꾸었다. 동서양을 막론하고 불씨의 성쇠가 집안의 가세를 상징했다. 여자들은 얼굴에 검댕을 묻혀가며 불씨가 꺼지지 않도록 지키는 막중한 임무를 수행했다. 그러나 부엌은 구들장을 데워야 하는 구조적인 이유로 오래도록 집의 가장자리에 자리하고 있었다.

1970년대 서양의 현대식 주택이 우리나라에 보급되면서 부엌은 집 안으로 들어오게 되었다. 부엌의 수호자들은 더 이상 외롭게 혼자 불을 지키지 않아도 되었다. 아파트가 점점 더 많아지면서 거실과 다이닝룸, 부엌이 연결되어 집의 중앙을 차지하는 이른바 LDK(Living, Dining, Kitchen)가 주택의 스탠더드가 되었다. 식사하는 공간과는 결합되고 난방 기능은 다용도실이나 베란다로 분리되면서, 부엌은 온전히 조리에만 집중할 수 있는 공간으로 거듭났고 '주방'으로 개명하기에 이른다. 주방은 궁중의 음식을 만들던 '소주방'에서 유래했다.

이제 부엌 윗전에 앉아 있던 조왕할매는 사라졌지만, 부엌은 새로운 자리에서 부엌살림의 철학을 식탁으로 빠르게 전이할 수 있게 되었다.

우리는 함께 살며 밥을 먹는 사이를 식구(食口)라고 한다. 바꿔 말하면 밥을 함께 먹지 않으면 식구가 아니다. 잠은 따로 자도 밥은 모여 먹어야 한다. 식구들은 음식을 먹으며 자신을 내어주어 나를 살리는 식재료와 나와의 관계를, 그리고 이를 장만한 이의 정성을 생각한다. 내 입에 들어가는 음식의 우주가 내 안의 우주와 만나는 경이로움에 감사한다. 식탁에 둘러앉아 이 모든 것을 함께 먹는 이들과 공유하며 일상의 즐거움은 배로, 고단함은 반으로 나눈다. 식탁은 가족애의 상징이며 유대감을 강화하는 장소이다.

나 역시 화목한 가정을 생각하면 할머니나 엄마가 조리대에서 갓 만든 요리를 식탁으로 가져오고, 가족들은 식탁에 둘러앉아 이야기를 나누는 장면이 제일 먼저 떠오른다. 주방과 식탁이 집에서 차지하는 비중이 크면 클수록 그 이미지도 더욱 강화된다.

사춘기 때 가족들을 피해 밥을 먹고 싶어 한 적이 있다. 내면에 피어오르는 많은 생각을 혼자 되새김질할 시간이 필요한 사춘기에는 가족과의 관계에 잠시 멈춤을 외치고 싶다.

할아버지는 내가 끼니를 거르고 싶거나 밖에서 해결하고 들어와도 함께 먹자고 이야기하셨다. 아마도 사춘기 소녀의 무게를 따뜻한 밥 한 공기의 사랑만큼 덜어주고 싶으셨는지도 모른다.

주방은 잘 '먹고' 잘 '살기' 위한 공간이다. 음식을 만들고 먹는 일이 이토록 중요하다면 그 역할을 맡는 공간은 집에서 가장 중요한 위치에 자리 잡아야 한다. 그러나 밀키트 같은 간편 조리 음식이 여성을 가사노동에서 완전히 해방시키고, 이러한 요리의 외주화로 20~30년 후에는 주방이 거의 사라져서 필요한 집의 면적도 작아질 거라는 전망이 있다.

나는 옛 소련의 사례를 떠올린다. 옛 소련은 아파트를 지을 때 집 내부에 주방과 다이닝룸 공간을 없애고 외부에 공동 식사 공간을 만들었다고 한다. 공간을 절약하는 것이 목적이었다지만 가족 간의 유대를 허물고, 체제에 부합하게끔 하려는 정치적 의도가 반영되었다는 의심을 지울 수 없다.

인생을 살면서 사랑하는 사람들과 즐겁게 음식을 만들고 먹는 일보다 중요한 일은 얼마나 많을 것인가? 먹는 일이 다른 일에 뒤처져서는 안 된다(나에게 하는 경고이자 다짐이기도 하다). 식구들이 함께 요리하고 먹는 공간을 앗아간다면 그들은 산산이 해체되고 원자화될 것이다. 그 원자 속에는 함께 사는 살림의 철학을 품지 않기에 분란의 씨앗을 품게 될 것이다. 드러나는 현재의 사회 문제 중에 서로에 대한 몰이해와 공감의 부재로 생기는 문제가 얼마나 많은지 생각해보라.

일본 도쿄에서 한 달 정도 지낸 적이 있다. 산겐자야에 있는 작은 연립주택에서 살았는데 옆으로는 좁고 위로는 높은 복층 구조의 집이었다. 욕실부터 자는 곳, 세탁기마저 탈수기만큼 작을 정도로 모든 것이 작은 공간이었는데, 제일 놀라운 곳은 주방이었다. 조리대가 정확히 도마만 해서 설거지라도 해두면 이유식을 만들 공간이 없었다. 칼질을 해도 식재료를 어디 밀어둘 곳이 없어서 매일 이유식을 만드느라 애먹은 기억이 있다.

이웃에는 주로 젊은 부부들이 사는 듯했는데, 대체 이 사람들은 뭘 어떻게 해 먹고 사나 궁금했다. 일본 도시 사람들의 개인주의적 성향을 부추기고 히키코모리가 출현하는 것에는 어쩌면 요리와 식사를 즐길 공간의 부재도 영향을 미치는 건 아닐까.

하루를 마감하고 불이 꺼진 부엌을 돌아보며 생각한다.
나는 오늘, 잘 먹고 잘 살았나.
내일도 식구들을 살리는 존재가 되기를.

엄마의 자리

소파

"너희 집 오는 길에 삼송에서 넘어가는 고개 하나 있 잖아. 엄마 대학 때 통일로 길 넓어지면서 거기 주 택 단지가 생겼어. 밤에 158번 버스 타고 들어가는 길에 구파발만 지나면 불빛 하나 없었거든. 그러다 가 그 단지가 딱 나타나는 거야. 다들 빨간 기와를 올린 양옥집이었어. 언덕 위에 있어서 더 잘 보였 지. 불 켜진 집들이 너무 예쁘고 따뜻해 보이는 거 야. '아, 나도 언젠가 저런 집에 살 수 있을까?' 생각 했지."

엄마는 당신의 마음에 눌러쓴 이야기의 총체라고 정의할 수 있었다. 우주는 원자가 아니라 이야기로 이루어져 있 다는 뮤리얼 루카이저의 시 한 구절처럼 말이다. 어떤 이 야기들은 비밀 일기처럼 쓰이기만 할 뿐 누구에게도 읽어 줄 수가 없었다. 엄마는 입 무거운 춤꾼이었다. 엄마의 그 길고 하얀 살풀이 수건은 구구절절 입으로 풀어냈어야 할 이야기를 대신했다. 흰 수건을 서리서리 안았다가 넘-실 던져 나빌레라. 수건이 다시 굽이굽이 펼쳐져도 털어내지 못한 것은 다음 번 발디딤의 장단이 되고, 맺고 푸는 춤사 위가 되었다.
적체된 이야기들은 창작의 화수분이 되니 예술가의 눈으 로 보면 부러움의 대상이 될는지는 몰라도, 딸의 눈에는 진작 내버렸어야 할 미련으로 비칠 때가 더 많았다. 남들 은 이런 걸 한(恨)이라고 부르던가. 응어리진 이야기는 기

어이 엄마 복심에 고인 감정들이 떠오르지 않게 내리누르
는 짱돌이 되었다.

가끔 갱년기로 돌아간 건가 싶도록 돌연한 엄마 눈물은
그 근원이 어느 시점인지는 몰라도 어디에서 잠자고 있던
것인지는 알 수 있었다. 누군가 저 묵직한 덩어리를 흔들
어댔고, 그 아래 억압되었던 해묵은 어떤 것이 불쑥 튀어
올랐음이 틀림없었다.

엄마가 있잖아-. 그렇게 좀체 열리지 않던 엄마 입에서
용천수처럼 이야기가 터져 나왔다. 앉으면 엉덩이가 퉁
하고 튀어 오를 만큼 탄성 좋은 소파 자리가 짱돌을 들썩
이게 만들고 있었다.

그날 밤, 여대생 엄마가 탄 158번 버스는 벽제 화장터 앞
에서 군인들에게 검문받았고 곧 종점에서 멈춰 섰다. 마
을로 들어가는 시외버스는 끊겼다. 어차피 납작한 주머니
속에서 짤랑거리는 동전 몇 닢은 내일 학교 갈 때 쓸 버스
비로 아껴두어야 했다.

전날처럼 그날도 옷깃을 여미고 한 시간 가까이 걸었다.
수시로 탱크가 지나가는 흙길에 생긴 골이 깊다. 부대의
회칠 담벼락 따라 변변찮은 가로등 숫자를 세며 걷다 만
나는 '벽제갈비'. 뜬금없이 번쩍이는 고깃집 간판은 이질
적이다. 간판에 새겨진 글씨도, 묻어나는 냄새도, 미각과
후각 어디도 자극하지 못한다. 경험하지 못한 감각은 그

리움의 대상이 되지 않는다. 간판은 다만 집까지 가는 길이 아직 7할은 남아 있다는 이정표 정도의 구실만 맡을 뿐이었다. 학교 근처에서나 보던 검정 세단이 간판 옆 철제 대문으로 입장하면서 흙먼지를 일으킨다. 거슬거슬한 질감이 칼바람을 새치기해서 목구멍으로 들어온다.

3할쯤 남았을 때는 가죽염색공장이 나타난다. 홀랑 벗겨진 소의 가죽들이 뻘겋고 퍼렇게 염색되어 십수 열 횡대로 막대에 걸려 있다. 그것들이 수백의 늘어진 혓바닥처럼 기괴해 보여 소름이 돋는다. 살아 있던 것의 가죽을 벗겨 색을 입히려면 염료도, 마음도 독해야 한다. 그래서인지 공장 마당에는 풀 한 포기가 자라지 않는다.

종일 안무 연습하느라 과로한 발목이 옆으로 까닥 꺾어질 때쯤, 집에 도착했다. 이 가는 소리, 방귀 소리, 가래 끓는 기침 소리, 악다구니 소리. 판자 하나 사이를 두고 윗방 아랫방에서 쉬지도 않고 세상에 배출하는 소리에 달팽이관이 과로할 차례였다. 도도한 서울의 명문 여대생과 교외의 사글세 단칸방 신세 사이에는 아득할 정도로 괴리감이 컸다. 학교와 집 사이는 현실에서 현실로의 공간 이동일 뿐인데, 마치 좋은 꿈과 나쁜 꿈 사이를 오가는 듯이 내내 비현실적이었다.

시골에서 아기씨 소리 듣고 자라던 엄마가 외할머니 손에 이끌려 서울에 상경한 일은 알고 있었다. 외할머니는 두 손 두 발 쉬지 않고 행상을 하며 엄마와 외삼촌을 건사했

다. 당시의 어머니들이란 자식의 영화를 꿈으로 먹고살았
다. 서울 사대문 안에서 두 자식을 키워낸다는 사실은 할
머니의 자부심이었으리라. 크게 사기를 당해 서울을 떠날
수밖에 없었을 때, 당신의 상실감은 얼마나 컸을까.

엄마와 나는 마주 보지 않고 약간 다른 방향으로 비껴 앉
았다. 그게 소파의 장점이었다. 두 시선은 얽혀들지 않고
바닥이나 벽에 꽂혀 들었다. 문득 엄마가 춤이 아닌 모노
드라마 무대에 나선 것은 아닐까 하는 생각이 들었다. 무
대에서 항상 노련한 사람답지 않았다. 엄마는 내가 관객
이든 아니든 상관하지 않았다. 누군가 곁에 있다는 사실
만이 중요해 보였다. 다듬어지지 않은 투박한 말투로 그
옛날의 시공간을 내키는 대로 버무려서 내 앞에 내밀었
다. 머릿속에서 장면들이 앞서거니 뒤서거니 하면서 시간
순으로 재구성되었다. 어떤 부분은 엄마가 묘사한 것 이
상으로 선명하게 그려지고 색과 소리가 입혀졌다.

"떠나셨지…. 자리 잡으면 연락한다고. 엄마는 친구 집 전
전하면서 기다렸어. 네 외할머니가 어떻게 '여기'까지 찾
아들어오셨는지 모르겠어. 어느 날 갑자기 연락이 와서
가보니까 군대만 있는 고리 골짝 시골이더라고. 그때는
녹번동쯤 지나면서는 서울도 아니었거든. 동네 삼거리 유
리집 하나 있잖아. 그 옆에 다 쓰러져가는 단층 건물 있
지? 거기였어. 군인들 상대로 밥집을 하고 계시더라고. 그

뒤에 딸린 방에서도 지냈었지."

그러니까 '여기'가 지금 내가 사는 동네라는 말이다. 유리집은 집 근처에서 그나마 번화한, 옛날로 치면 읍내라고 불릴 만한 동네 초입에 있다. 친정이 서울이라고 하면, "이런 곳까지 어떻게 알고 오게 됐어요?"라고 사람들이 물었다. 외할머니가 살아 계셨다면 내가 할머니에게 해야 하는 질문이었다. 기윤재 이전에 구옥이 있었다. 엄마가 구옥을 함께 보러 가자고 했을 때는 아랫마을 사시는 작은아빠가 소개해주셨다고만 했다. 엄마는 사실 금의환향하고 싶었던 거다. 당신의 군색한 모습만 기억하는 그곳에 번쩍이는 자동차를 보여주고 싶었던 거다. 무슨 일이든 따박따박 따져 묻고 집요하게 파대는 나는 왜, 엄마의 복심에는 무심했을까?

때때로 옴짝거리던 엄마의 입과 슬픈 눈을 기억해냈다. 딸은 엄마 팔자 닮는다는 망령된 미신이 두려웠던 걸까. 어쩌면 엄마가 쉽사리 입을 열지 않은 이유는 딸이 차라리 철부지로 사는 편이 낫다고 생각했기 때문일지도 모른다. 때마다 모르는 체와 아는 체를 적당히 번갈아 하면서 슬슬 뒷걸음질 치던 나도 기억해냈다. 젊은 날의 엄마 이야기를 감당하기에 나는 너무 어렸다. 스무 살, 서른 살이 넘었을 때도 엄마의 그 입과 눈 속에 침잠해 있는 무거운 덩어리를 들어내기에, 나는 어리다고 여겼다. 살림, 아빠,

친정, 시댁, 일. 어느 쪽이든, 가장 가까운 이의 힘들었던 과거는 듣는 것만으로도 가쁘다. 통제할 수 없는 그 상황을 나도 속수무책으로 생생히 겪어야 하니까.

"참 그때는…."

나는 옆 사람의 눈물에는 후하지만 내 눈물에는 박한 마흔 살의 어른이 되었다. 엄마 어깨 너머로 휴지 한 장을 건넨다. 이 굽은 어깨를 만든 책임으로부터 나는 자유로울 수 있나. 엄마는 소파 모서리에 엉덩이를 살짝 걸친 채로 이야기를 계속했다. 마음을 풀어낼수록 젖은 휴지가 반씩 접혀 들어갔다. 이윽고 더 접히지 않을 만큼 뚱뚱해진 휴지 덩이를 꼭 쥔 엄마의 축축한 주먹. 저 주먹이 내 가슴도 옥여쥐었다.

"얼마 전에 그때 그 집이 어디쯤이었나 찾아봤는데 모르겠더라. 동네가 많이 변했어. 거기 은행 있잖아. 그 근처 같은데. 하긴 그렇게 많은 판잣집이 다닥다닥 붙어 있었는데 남아 있어도 헷갈렸겠지."

60대 중년이 되어서야 스무 살 여대생의 자취를 찾는다. 혼자 골목을 기웃거렸을, 딱한 엄마. '엄마, 우리 같이 그 집 찾으러 나가볼까?' 이 한마디를 결국 하지 못하는, 딱한 나.

잘 닦인 아스팔트 도로 위를 엄마의 검은 머스탱이 달린 다. 가죽염색공장 부지는 공사 중이고, 54년을 운영하던 벽제갈비도 코로나로 운영난을 버티지 못해 두 달 전 폐 업했다. 158번 버스는 번호와 노선 모두 바뀌었다. 엄마 의 짱돌은 여전히 무겁고, 소파 자리는 비어 있다.

마주 서는 장소

미끄럼틀

놀이터를 상상하면 가장 먼저 떠오르는 기구는? 놀이터에 가면 아이들이 열이면 열 제일 먼저 달려가는 곳은? 미끄럼틀이다. 미끄럼틀이 없으면 놀이터라고 말하기가 애매하다. 미끄럼틀은 따로 조작이 필요 없다. 내려올 때 속도는 몸무게와 상관없이 길이와 각도만 영향을 미치므로 누구나 즐길 수 있다. 빗면을 미끄러져 내려오는 놀이야 스키나 스노보드, 나무 썰매, 비닐포대에 이르기까지 아주 오래전부터 있었다.

자연에서 즐기던 놀이를 언제 처음 인공의 미끄럼'틀'로 만들었는지는 논란이 분분하다. 미국에서는 1900년, 영국에서는 1922년으로 주장한다. 후자를 기준으로 따져 봐도 미끄럼틀은 만들어진 지 벌써 100주년(2022년 기준)이다. 영국의 찰스 윅스티드가 고안한 초기의 미끄럼틀은 각도가 45도, 길이는 9m가량이고 널빤지를 이어 붙인 형태로 1시간에 20명 정도가 탈 수 있었다고 한다. 이 미끄럼틀에는 양쪽에 안전 바가 없었다고 하니 요즘 엄마들이 들으면 아연실색할 것이다. 하지만 아동 인권 인식이 낮았던 시기에 아이들을 위한 놀이기구를 만들었다는 사실만으로도 놀라울 따름이다.

윅스티드는 미끄럼틀을 처음 보는 사람을 위해 이용 방법을 다음과 같이 안내했다.
'계단을 올라간다. 오른 순서대로 미끄럼틀을 타고 내려온다.'

계단과 빗면으로 이루어진 단순한 형태만큼 단순한 안내이다. 그러나 이 놀이기구 앞에 서는 엄마들의 마음속은 그렇게 단순하지 않다. 아이의 연령에 따라 엄마들의 눈빛이 다르다. 이제야 뛰기 시작한 어린아이들 엄마는 아이가 다칠까 봐 불안한 눈빛, 서너 살 아이의 엄마는 주로 아이가 미끄럼틀을 거슬러 올라가는 걸 막느라고 난감한 눈빛이다. 어떨 땐 아이가 내려오는 곳 주변을 어슬렁거리기만 해도 냅다 들어 옮긴다. 내려오려는 아이가 자기 아이 때문에 얼굴을 찡그리면 맞은편에서 지켜보는 아이 엄마의 눈빛이 매서워진다는 걸 알기 때문이다. 유치원을 다니는 5세 이상 아이 엄마들의 눈빛이 가장 여유롭지만, 그 와중에도 룰 브레이커는 존재한다. 미끄럼틀을 거꾸로 올라가면 엄마가 말하기도 전에 유치원 친구들이 외친다. '그러면 안 돼! 계단으로 올라와!'

아이가 유치원에 들어갈 때가 되면 보육에서 교육으로 무게가 이동한다. 교육의 목적은 두 가지이다. 하나의 삶이 의미와 목표를 바르게 설정하고 그것을 이뤄나가는 데 도움을 주는 것. 또 하나는 그 성취가 사람들과의 사이에서 이뤄짐을 잊지 않도록 하는 것이다. '내가 정말 알아야 할 모든 것은 유치원에서 배웠다'는 책 제목처럼 아이들은 성취와 관계를 유치원 가는 나이 때부터 집중적으로 터득해 간다.

관계에 대해서는 특히 사회화에 집중하기 시작한다. 사람

사이에 작용하는 관계의 역학을 배우고 기성의 사회에 동화되어가는 과정, 우리는 그것을 사회화라고 한다. 사회화는 순응과 동의어이다. 순리를 따르지 않는 사람들, 역행(逆行)자들은 사회화에 저항하는 사람이라고 할 수 있다. 그러나 잘 생각해보자. 성취를 한 사람은 역행을 해본 사람이다. 순리를 가지고 놀아본 사람이다. 이 사실을 알고 있는 어른이라면 눈빛이 흔들리기 시작한다.

형들이나 할 수 있는 클라이밍 대신 미끄럼틀을 오르고 싶어 하는 아이가 있다. 아이에게 그 목표는 '바르지' 않으니까 무조건 계단으로 올라가라고 말해줘야 할까?

아이가 아직 스스로 서지도 못하는 나이일 때, 스펀지로 만든 미끄럼틀을 사주었다. 말이 통하지 않는 아기가 미끄럼틀을 마주하면 제일 먼저 하는 행동이 빗면을 기어서 올라가는 것이다. 계단을 올라가서 내려오는 기구라고 이해하는 데에는 학습적인 사고가 필요하다. 아기의 직관으로 미끄럼틀은 오름틀이다. 인간에게는 내려오는 것보다는 오르는 것이 자연스러운 본능이므로 미끄럼틀을 올라가려는 아이들의 욕구는 타당하다. 게다가 인생은 언제나 오르막길 아니던가. 내리막은 낯설어서 누구나 두려워한다. 미끄럼틀은 그 두려움을 스릴로 바꾸는 경험을 줌으로써 빗면에 대한 인식을 잠시 변용할 뿐이다.

무엇이 바른(right) 것인가, 하는 가치판단은 사회와 환경에 따라 그렇게 하기로 합의하여 정한 것이 대부분이다.

대다수 사람이 오른손을 쓴다고 해서 오른손이 옳은 손 (바른손, Right Hand)이 되었다. 그러나 절대적이라고 여기던 인간의 순리가 구태의연한 타성으로 보이기 시작하면 질문이 발생한다. 자연의 순리로 보면 왼손은 그 옛말의 뜻처럼 그른 손이 아니다. 그저 하나의 손일 뿐이다. 관점이 다른 순리들이 서로 부딪힐 때는 어떻게 해야 할까? 마주서서 물어야 한다.

많은 부모가 아이의 창의력을 키우는 데 관심이 많다. 나도 그렇다. 새로운 생각을 해낸다는 뜻의 '창의'에서 창 (創) 자는 예전에는 '다치다'는 뜻을 가진 비롯할 창(刅)으로 사용했다. 칼에 피가 묻어 있는 모양의 상형문자이다. 어떤 원인으로 다툼이 벌어졌다는 의미에서 '비롯하다', '시작하다'는 뜻을 갖게 되었다. 결국 창의력이란 하나의 문제를 두고 서로 부딪히고 다투는 과정이자 거기에서 비롯된 방법으로 문제를 해결하는 능력과 다름없다.

순응이라는 말을 조금 더 풀어보면 '사회화'란 내가 사는 터전의 문화에 담금질되는 것이다. 문화란 맥이다. 역사의 맥락을 타며 흐르는 것이 본성이다. 여러 갈래의 물이 만나는 곳에 산소가 가장 풍부하듯이 각기 다른 생각이 엎치락뒤치락하며 뒤섞이는 문화가 가장 생명력이 강하다.

미끄럼틀을 발명한 사람은 하나이지만 그것을 사용하는 열 명의 아이는 열 가지의 미끄럼틀 활용법을 품고 있는 것이 정상이다. 진심으로 아이의 창의력을 키우고 싶다면 올라가려는 아이와 내려오는 아이가 마주 서서 질문하고, 부딪히고 싸우도록 두어야 한다. 원래 그렇게 하는 거야, 라는 말에 제압되어 내 아이가 다른 아이와 부딪힐 기회를, 새로운 해결법을 찾을 기회를 빼앗지 말아야 한다. 사회화 이전에 살아 숨 쉬며 역동하는 사회는 어떻게 만드는지 알려주는 것이 진짜 교육 아닐까.

기윤재 안에 미끄럼틀은 설계할 때부터 넣기로 했다. 남편과 나는 특별히 이유를 나누지도 않은 채 암묵적으로 동의했다. 종종 내려가려는 남편과 올라가려는 아이가 마주한다. 남편이 "내려가는 게 먼저야." 하면 아이는 고개를 빳빳이 들고 "왜?"라고 묻는다. 남편은 순리를, 아이는 역행을 이야기한다. 아니, 아이가 순리를, 남편이 역행을 이야기하고 있나. 어쩌면 이런 모습을 보고 싶어서 미끄럼틀을 설치했는지도 모른다.

포용의 공간

게스트룸

"너희 집 안 가도 그만이야!"

아빠가 전화를 끊어버렸다.

한창 기윤재를 짓는 시기라서 공사 디테일이 빽빽하게 적혀 있는 2019년도 다이어리. 그 한 귀퉁이에 써둔 메모를 보면 여전히 어리둥절하다. 실은 메모가 남긴 푸른 잉크보다 기억 속에 더 선명하게 남아 있는 그날, 아빠는 무척 화를 냈다. 화를 잘 내지 않는 사람이 화를 낼 때는 그만한 이유가 있을 텐데…. 그 일은 선후관계는 분명한데, 인과관계를 알 수가 없었다. 발단은 게스트룸의 평상이었다. 원래 침대를 두려다가 평상을 두기로 계획을 변경했다고 말하는 그 지점, 휴대전화 너머의 온도가 달라졌다. 5G 전파가 실어 오는 탐탁잖은 에너지를 나는 애써 무시했다.

"아빠, 게스트룸 문이 전면 슬라이딩 도어잖아. 평소에는 열고 지낼 거니까 너무 방처럼 보이지 않는 게좋을 것 같아. 평상은 낮에는 앉아서 이것저것 활동하기 좋고, 밤에는 이부자리를 깔면 침대처럼 되잖아? 높이가 있으니까 앉거나 누웠다가 일어설 때도 편할 거야."

공간의 이름은 게스트룸이지만 가장 염두에 둔 사용자는 친정 부모님이다. 하지만 부모님 방으로 이름 붙이기에는 다른 손님이 오셨을 때 따로 모실 공간이 없었다. 또 친정이 멀지 않아 부모님도 자주 묵어가시지는 않을 테니 손님 방이라고 정의하고 설계하는 것이 맞는다고 생각했다.

평상은 여러모로 이 공간에 안성맞춤이었다. 우선 자작나무 평상은 심미적으로 깔끔하고 시원해 보였다. 침대를 들였을 때보다 1층 바닥 면적을 시각적으로 넓어 보이게 하는 효과가 있었다. 기능적으로도 다양한 용도로 활용이 가능하고, 무엇보다도 약해지는 무릎 때문에 좌식 생활이 불편한 부모님에게 알맞은 유니버설 디자인이었다.

의논이 아니라 통보에 가까웠지만 나는 계획의 변경에 자신만만했다. 그런데 합리적이라고 생각한 변경 사유에 대한 아빠의 반응은 예상 밖이었다. 까닭 모르게 종료된 통화에 나도, 휴대전화도 잠시 멀뚱히 있던 기억이 난다. 요즘 아빠에게 "그때 왜 그랬어?"라고 물으면 아빠는 "허허— 그러게 말이야." 하고 만다. 문답이 오가는 순간에도 평상 위에 앉아 손자와 보드게임을 하는 아빠는 평상에 억하심정이 없어 보인다. 평상은 진짜 문제가 아니다. 아빠는 그날 왜 화가 났을까?

어느 날 책을 읽는데 철학자 가스통 바슐라르의 글귀가 눈에 띄었다. 우리는 "그 공간의 실제성에서 사는 게 아니라 우리들 상상력의 모든 편파성을 가지고 사는 것이다." 혹시, 게스트룸에 대한 이해에 간극이 있는 걸까? 아빠와 나는 이 공간에서 동상이몽을 하고 있었던 게 아닐까? 어떤 이유로 붙여졌건 공간의 이름은 공간의 성격을 정의한다. 손님방은 손님을 모신다. 이곳에 머무르는 이는 모두 손님이 된다. 공간의 주인인 나와 손님, 손님이 되는 아빠의 심리에 대해서 생각해야 사건의 인과관계를 알아낼 수 있을 것 같았다.

손님이란 태생부터 '떠남'을 문신으로 새기고 있는 존재이다. 그가 점유하는 시공간의 특질은 한시적이다. 언젠가, 어디론가 다시 떠나야 하는 숙명을 지니고 있다. 주(主)가 있으므로 완성되는 객(客)은 시간이 허락하는 한의 영역을 구하는 자이다.

반대로 주인은 자신의 영역을 내어주는 자이다. 손님에게 유한한 시간과 공간을 허용할 권리와 동시에 포용할 의무를 지고 있다. 이때 주인에게 필요한 태도는 공자가 말하는 서(恕).《논어》의 핵심 개념으로 한자를 파자하면 쉽게 이해가 된다. 같을 여(如)와 마음 심(心). 같은 마음, 즉 공감(共感)을 뜻한다. 내가 손님이라면 무엇이 필요할지, 무엇을 하고 싶을지 또는 무엇을 하기 싫을지를 헤아리는 마음이 필요하다.

이와 비슷한 교훈을 담은 탈무드 잠언이 있다. "손님이 기침을 하면 수저를 내놓아라." 초대받은 손님은 식사 자리에 자신의 수저가 없어도 예의를 차리느라 쉽사리 말을 하지 못한다. 그러니 기침을 하면 주인은 눈치껏 손님을 살펴 수저를 내어주라는 것이다.

부족한 것이 없도록 손님에게 주의를 기울이라는 말이지만, 나는 손님이 느끼는 심리적 부담감에 주목했다. 손님은 자신이 지켜야 하는 선을 가늠하느라 매 순간 조심스럽다. 주인과 손님의 역학 관계는 하나의 장소를 기준으로 볼 때 반대로 환원될 수 없다는 특징을 가진다. 서로가 마음을 다해 역할에 충실하지만, 선을 넘어 행랑이 몸채 노릇을 하면 곧장 불편해진다.

우리는 주인과 손님이 뒤바뀌는 상황을 객반위주(客反爲主, 손님이 도리어 주인 노릇을 함), 회빈작주(回賓作主, 주인을 제쳐놓고 제멋대로 함) 등의 사자성어로 표현하며 곱지 않은 시선으로 바라본다. 그리하여 둘 사이에는 넘지 않아야 하는 선이 있다. 남녀유별이 아니라 주객유별이다. 손님은 자신에게 내어진 공간을 사용해도 좋지만, 자리한 것들을 유용해서는 안 된다.

호텔에 가면 이 보이지 않는 선을 확실히 깨닫는다. 우리는 상응하는 비용까지 내고 호텔의 모든 시설을 누릴 수 있지만 룸 매뉴얼에서 이런 문구를 맞이한다.

'객실 내 가구는 이동이 금지되어 있사오니 원위치에서 이용하여 주시기를 바랍니다.'

물론 호텔 방 문이 닫히면 그 안에서 일어나는 일은 주인이 알 수 없지만.


아빠의 상상력 속에서 딸과 백년손님의 손님이 되어 방문하는 공간은 어떤 공간이길 바랐을까. 아마도 구하는 영역이기보다는 지키는 영역이길 원했을 것 같다. 확고한 공간의 보유. 자신만의 공간을 실현한다는 건 자신의 존재감을 세우는 것과 같다. 공간이라는 분신이 계속 그 자리에 보전된다면 자신이 부존재할 때마저도 존재감을 느끼게 한다.

나는 아빠가 누구나 머물 수 있는 게스트룸이라는 이름부터 불편할지도 모른다는 생각을 하지 못했다. 오히려 이름에서부터 출발한 나는 게스트룸에 경제 논리를 개입했다. 점유와 비점유 시간을 계산했다. 부모님뿐만 아니라 손님이 든 자리는 언제든 난 자리가 될 수 있으므로 공간을 가변적, 실용적으로 다루었다.

결국 이 공간은 커다란 슬라이딩 도어가 설치되었다. 도어는 벽 속에 숨겨져 있어서 필요시에 꺼내 닫으면 공간이 분리되지만, 보통은 늘 열려 있다. 이 깊이 있고 열린 공간이 한옥의 공간 활용법을 따른 것 같기도 해서 나는 마음에 쏙 들었다. 그러나 작은 거실처럼 식사 공간으로 연장되는 개방감이 아빠에게는 넘기 어려운 선이 되었을 수도 있다. 손님으로서는 통제할 수 없는 개방과 폐쇄의 선.

누구에게나 열린 공간은 결국 아무의 공간도 아니다. "지나치게 개방적으로 자신의 공간이 확대되는 것은 점차 '내 것'이라고 현실적으로, 감각적으로 느낄 수 있는 공간이 사라지는 이야기가 된다." 그리고 그것은 정체성을 상실하는 것과 다름없다고 《욕망하는 집》 저자 박규상은 말했다. 침대를 없애고 평상을 두겠다는 소리는 상실의 종지부를 찍는 사건이었던 것이다.

이제는 딸보다 더 사랑하는 손자가 사는 집에 아빠는 매주말 들르신다. 할아버지로서의 존재감을 지키고 싶은 아빠는 상실을 상회하는 충만함을 주는 손자와의 시간이 소중하다. 그날 이후로 우리는 게스트룸에 대해 이야기 나누지 않았다. 여분의 옷장, 컴퓨터, 1인 소파, 이부자리, 작은 찻상까지. 손님을 위해 모든 것을 갖추었지만 어쩐지 이기적인 냄새가 풍기는 공간에서의 침묵은, 아마도 보이지 않는 선을 포용하겠다는 아빠의 선택일 것이다. 내게는 부족했던 넓고 따뜻한 해량의 마음이다. 내어주는 마음을 가진 사람이 주인이라면 아빠와 주객이 전도되어도 감사한 오늘, 평상에 앉아 아이가 좋아하는 사과를 깎는 아빠에게 이 말을 전하고 싶다. 나의 터키 친구 무스타파가 자주 해주던 말이다.

"언제나 환영이지. 손님은 신이 보낸 선물이니까."

그렇게

삶과 대화한다

3

정주의 말뚝

문패

사막의 모래는 손가락이 걸리지 않는 어린아이의 머릿결 같았다. 걸음걸음마다 보드라운 모래가 발가락 사이로 밀물과 썰물처럼 드나들었다. 살가운 감촉과는 다르게 바람은 야멸찬 구석이 있었다. 그는 파도처럼 남겨둔 표식을, 지나간 흔적을 곧바로 흐트러뜨렸다. 뒤를 돌아보아도 궤적이 없으니 나는 매 걸음 다시 시작하는 기분이었다. 바람에 흔들려 모든 것은 변화했고 그 자신의 이름만이 그대로였다. 사막은 물이 모래로 변했을 뿐, 바다와 다름없었다. 들쭉날쭉한 사구들은 일렁이는 파도였고, 간간이 보이는 건초 더미는 외딴 바위섬이었다. 망망대해에서 표류하는 돛단배처럼 광활한 사막에서 나는 방위도, 목적하는 방향도 모른 채 걸었다. 내 마음속에는 따라갈 별이 없었다.

낙타 몰이꾼이 모닥불 앞에서 대자연의 아름다움을 노래하는 동안 나는 운명적인 만남을 기도했다. 별이 찾아와 나를 따라오라고 손짓하기를. 내가 누구인지 바람이 속삭여주기를. 나는 삶의 의미가 나를 발견해주기를 바라고 있었다. 그러나 그들의 언어를 이해할 준비가 되어 있지 않았다. 밤하늘이 지붕인 사막의 잠자리에 누워서 쏟아지는 별을 보았지만, 마음속에는 결국 별이 뜨지 않았다. 바람은 말없이 내 흔적을 지우기에 바빠 보였고 그날도 실패였다.

여행 끝에 돌아와 내 방 침대에 몸을 누이면, 꿈은 나를 다시 압박했다. 가보지 못한 장소로 초대해서는 얼굴이 보이지 않는 존재들이 나를 막다른 곳으로 밀어붙이게 했다. 마지막은 꼭 잡히지 않고 아슬아슬하게 끝이 났는데 꿈이 거듭되면 여독을 풀 것도 없이 다시 떠나기를 계획했다.

괴롭히는 꿈을 내리찍고, 너의 소명은 이것이다, 하고 뒤통수를 때려줄 망치가 간절히 필요했다. 망치는 절대 반지처럼 웅크리고 숨어 있다가 내가 '그곳'에 당도하기만 하면 번쩍! 하고 나타나줄 것만 같았다.

나를 찾는 여행이라는 말은 굉장히 진취적으로 들리지만, 사실 대부분은 내가 '찾아지길' 바라는 수동적인 여행이다. 이미 '그곳'은 존재하고 이번에는 운명적으로 그곳에 도착하기를 바라는 마음으로 여러 나라의 산과 바다와 도시의 골목을 헤매었다. 하지만 그들은 한 편 한 편의 사실적인 다큐멘터리가 되어 기억에 저장될 뿐, 어떤 의미로도 해석되지 않았다. 청년의 발걸음은 억셌지만, 인생에 대한 자세가 수동적인 방랑자에게 운명은 관대하지 않았다. 민들레 홀씨처럼 여행지의 바람에 둥둥 떠다니다가 하릴없이 돌아오고 마는 것이다.

늘 떠나기만 하는 이에게 집이란 아무래도 좋았다. 누우면 코보다 한 뼘 반 정도 높은 침대 밑이나, 어깨너비에 꼭 맞는 침대와 벽 사이의 좁은 공간에서 편안함을 느꼈다. 집에서 실상 내가 마음을 풀어헤칠 공간이라고는 겨우 관짝만 한 크기였다. 장롱 한 칸은 40리터, 25리터짜리 배낭과 캐리어들이 채우고 있었고 대학생의 책장이라곤 하지만 버리지 못하는 중고등학교 교과서들과 시대를 따르지 못하는 전집 백과사전이 몇 칸에 나뉘어 꽂혀 있었다. 지난 일들은 정리하지 못한 채, 닿지 못한 곳에만 공허

한 시선을 두는 나는 과연 그 집에서 '살고' 있었던 걸까.

청춘이란 꼭 사막처럼 그 자신의 이름만 변하지 않는다. 나는 지쳐갔다. 한 살 먹을 때마다 100g 모래주머니를 발목에 하나씩 더하는 기분이었다. 오래도록 참 쉬지도 않고 걸어온 것 같은데 뒤를 돌아보면 여전히 아무 흔적도 없어서 실망한 발걸음이 점점 무거워졌다. 그러다 나는 불쑥 걸음을 멈추었다. 어쩌면 인생에서 가장 운명적인 사건인 아이의 탄생을 맞이하게 된 것이다. 무엇이든 불쑥 끝내버리는 것들에는 금단증세가 따르기 마련인데, 이 상황에는 일탈할 엄두도 내지 못하고 빠르게 적응해갔다. 말도 못 하는 조그마한 생명체가 사정없이 나를 흔들어댔고 나는 갈대처럼 감내했지만, 아이는 나의 축마저 흔들어버린 것이 틀림없었다.

아이의 세계에 흠뻑 빠져서 외부 세계와 단절되었을 때부터였나. 내 안에서 전에 없던 바람이 불기 시작했다. 감정을 몰고 와서 질문을 던지는 바람의 언어는 사람의 그것은 아니었지만, 신기하게도 그 감정과 질문을 충분히 이해할 수 있을 것 같았고, 대답을 위한 준비도 되었다는 것을 알았다. 어린 시절부터 그날까지 오랜 시간 동안 보았던 이미지들, 들었던 이야기들, 머리에 담은 모든 지식이 낱낱의 모래가 되어 바람과 함께 흩날렸다. 나는 옷깃을 여미고 마음의 모래 폭풍 속으로 걸어 들어갔다.

그대의 마음이 있는 곳에 그대의 보물이 있다는 사실을 잊지 말게. 그대가 여행길에서 발견한 모든 것들이 의미를 가질 수 있을 때 그대의 보물은 발견되는 것이네.

- 파울로 코엘료, 《연금술사》

뿌연 시야 속에서, 연금술사가 산티아고에게 말한 대로 지나온 삶의 여정 속에서 발견한 모든 것들과 내면에서 조우했다. 묻어두었던 사람이, 외면했던 상황이 줄줄이 장화 홍련처럼 앞에 나타나서 대화를 요청했다. 오래도록 컴컴한 기억 창고에 쌓여 있던 경험들은 그런 요구를 할 자격이 충분했다. 나는 그들을 의연하게 받아들이기로 했다. 세심하게 경청했고, 숙고의 시간을 거쳐 긍정이나 부정, 어떤 식으로든 의미를 부여할 수 있었다. 그러자 그들은 내게 메마른 다큐멘터리에서 끈적한 드라마로 변했다. 어루만진 모래알들은 차근히 침전하기 시작했고 그만큼 시야는 맑아졌으며 바람은 부드러워졌다.

나는 '의미'란 일방적인 것이 아님을 배웠다. 내가 찾아 헤메던 삶의 의의는 운명적 존재가 선물처럼 던져주는 것이 아님을. 내가 발견한 것들에게 의미를 줄 때, 그들은 마치 거울처럼 의미를 주는 나의 의도와 마음이 어떤지 비춰주고, 비친 그 마음을 들여다보면 스스로 보물을 발견하게 되는 것이다. 의미는 곧 나의 마음이다. 이제는 아주 오래전 일이지만 인도의 사막에서 별을 만날 수 없었던 까닭은 별에게 절대적 존재가 되어주기를 요구했을 뿐, 별에게 내어줄 마음이 없었기 때문이다.

모래들은 바닥에 내려앉으면서 흔적을 지우기보다는 새 김에 적절한 탄탄하고 비옥한 땅이 되었다. 앞으로도 아이에게, 사람에게, 상황에 흔들리겠지만 더 이상 궤적 없는 삶 속에서 방황하지 않을 것이다. 내 주변의 어떤 것에서도 의미를 찾아낼 것이며 그것들을 별로 띄우는 삶을 꾸릴 것이다. 언제나처럼 차를 한 잔 마셨지만, 차의 맛은 어제와 달랐다. 쫓고 쫓기던 꿈도 꾸지 않게 되었다. 비로소 나는 정주할 채비를 마쳤다.

문패란 정주를 선언하는 말뚝이다. 가로, 세로가 한 뼘씩이 되지 않는 작은 호두나무 문패를 현관문 옆에 달 때, 아주 튼튼하게 박아달라고 부탁했다. 굳건하게 자리 잡은 꼴이 그대로 뿌리처럼 벽을 파고들어 뻗어나갈 것만 같았다. 잠시 떠나 있다가 돌아올 때 멀찌감치 보이는 문패가 배를 기다리는 항구처럼 보일 때가 있다. 작은 표지를 보며 나는 돌아왔네, 하고 얕은 안도의 숨을 쉰다. 마음이 있는 곳은 지금 내가 서 있는 이 땅 위. 보물 역시 여기 있을 터였다.

외면받는 자들의 도시

데크

미세먼지 없는 하늘에 눈이 부신 주말의 한낮, 겨울이지만 햇살 좋은 날에는 잠시 데크로 나간다. 라탄 조직처럼 모양을 낸 야외 소파에 앉아 공놀이하는 아이를 지켜본다. 볼에 닿는 찬바람과 머리에 닿는 따뜻한 햇살의 부조화를 느끼며, 여름날 맨발로 비비고 다니던 방킬라이 나무의 감촉을 그리워한다. 날이 조금 더 따뜻해지면 데크 오일을 한번 발라줘야지. 실외에 만든 실내의 연장 공간. 이것이 데크로 만든 테라스의 기능이다.

날씨만 따라주면 실내에서 하던 일들을 데크 위에서 할 수 있다. 이불을 널고 곁에서 책을 읽거나 차를 마신다. 아이는 마음껏 물감을 흩뿌리며 그림 그리기를 좋아한다. 바비큐를 하는 날에는 탁 트인 야외에서 한결 여유 있는 마음에 가족들은 서로에게 유쾌하다. 데크 위에서 누리는 것들은 모두, 언제나 우리만의 것이었다. 그러나 지금부터는 우리의 것이 아닐 수도 있는 데크 '아래'에 대한 이야기이다.


여느 날처럼 고양이 두 마리가 마당으로 들어왔다. 한 마리는 누런 털 사이에 흰 털이 듬성듬성 보이고 다른 한 마리는 검은 털 사이로 누리끼리한 털이 애매하게 섞여 있는, 함께 나타나면 대비가 두드러지는 녀석들이다. 두 마리는 마당을 제집처럼 드나드는데 보통은 데크 위에서 일광욕을 하다가 나와 눈이 마주쳐도 태연하다. 그런데 그날은 영하 10도 이하로 떨어지는 추운 날이었고 고양이들은 데크 아래에서 서성이다가 눈 깜짝할 새 시야에서 사라졌다. 슬라이드 창을 열고 나가니 검은 고양이는 마당과 데크가 인접한 한 부분에서부터 후다닥 도망가는데, 누런 고양이가 온데간데없었다. 검은 고양이를 발견한 자리를 돌아보니 데크의 벽면 아래 땅이 푹 꺼져 있다. 비가 오면 집에서 나오는 빗물이 집수장으로 흘러가는 길이다.

> "다른 벽은 다 살폈는데 또 그런 곳은 없었어. 고양이가 거기로 드나드는 것 같아."
> "참. 얼마 전에, 밖에 뭐가 휙 지나가는데 작은 쥐더라. 그래서 고양이들이 들어갔나 봐. 날도 춥고."
> "쥐라고? 언제? 낮에, 밤에? 크기가 얼만한데? 세상에!"
> "여기 뒤가 다 산이고, 밭도 있고, 사람 사는 마을인데 쥐가 없는 게 더 이상하지 않아?"

남편 말이 맞다. 이 동네 살면서 고라니를 종종 마주치고, 앞마당에서 너구리와 뱀을 본 적이 있고, 오래전에 근처 사시던 작은아버지 댁 말라뮤트 개는 산에서 멧돼지에게 물려 죽었다.

도시에는 없는 것을 목격하면서 도시에도 있는 것을 기대하지 않는 것은 이상한 일이다. 이 마을은 도시보다 생태계적으로 종의 다양성이 훨씬 큰 사회이다. 이 사회 속에 집을 짓고 산다는 것은 사회의 특성을 받아들이기로 암묵적으로 동의한 것과 같다. 그러나 고라니, 너구리, 뱀은 모두 돌아갈 곳이 있지만 쥐가 내 발밑을 지붕 삼아 살고 있는 건 다른 문제이다.

나와 가족을 위한 이기(利己)였던 데크가 본의 아니게 다른 존재에게 선의가 될 때, 그리고 그 존재가 일반적으로 환영받는 것이 아닐 때, 나의 세상 안에 나 몰래 구축한 세상에 대해 나는 혼란스러웠다. 우리집의 '우리'는 내가 고려한 '우리'만이 아님을 알아차리는 경우가 처음은 아니다.

가을의 어느 날, 데크를 연장해서 만들어둔 도구함 속에서 꼽등이 가족을 만났다. 갑작스러운 빛줄기에 당황해서 더듬이 하나 움찔하지 못하던 꼽등이들을 봤을 때의 심정이 떠올랐다. 축축한 흙냄새를 뚫고 이질감이 느껴지는 존재들과 '공생'한다는 사실을 맞닥뜨렸고 나도 그들만큼 당황했다. 나는 최소한의 인간다움을 보여주기로 했고 뚜껑을 조용히 닫았다. 외면하기로 한 것이다. 그리고 이러한 외면은 인간과 다른 종(種) 간에만 국한되는 일은 아니다.


인간은 이질성을 쉽사리 받아들이지 못한다. 생물학적인 능력 범주 밖에 대해서는 무지하고 무지 속에서 두려움을 느낀다. 인간은 가시광선 내에서 볼 수 있고, 한국 사람은 시력이 좋으면 2.0, 티베트, 몽골 사람은 5.0 정도다. 청력은 가청주파수 20Hz~20,000Hz(헤르츠)이고, 후각은 최대 1만 종 정도의 냄새를 구별할 수 있다. 이 범위를 벗어나는 존재를 우리는 따로 범주화해서 배제하거나 외면하는 방법을 흔히 쓴다.

소설 《향수》는 개인의 압도적인 능력에 대한 두려움을 세밀하게 표현한 작품이다. 비범한 후각을 가진 그르누이에게 아무도 진심 어린 손을 내밀지 않는다. 소설 속 살인 사건들과 기괴한 결말은 그르누이가 주는 위화감을 기만과 이용, 회피로 되돌려준 사람들에게서 기인한다.

범주를 능가하는 것뿐만 아니라 미달하는 것에도 우리는 마음이 편치 않다. 평균과 기준보다 '너무' 높은 것이나 낮은 것, 과도한 것이나 박약한 것, 큰 것이나 작은 것, 두꺼운 것과 얇은 것, 진한 것과 옅은 것…. 지능이나 정신, 몸, 피부색 같은 속성에 보이지 않는 스티그마(낙인)를 찍는다. 그 원인이 선천적이든 후천적이든 다름을 이해하고 지지하는 데 내가 집단의 소수가 될 때, 우리는 본능적으로 불안을 느낀다.

문화적으로 결정된 집단의 범주 역시 은밀하고 잔인하게 사람들에게 적용된다. 가시화되지 않는 미묘한 문화 차이를 개개인이 생물학적인 속성과 버무려 구별해내려고 하기 때문이다. 유창한 영어 실력으로 런던의 노부부에게 "대영제국의 동방 식민지인이냐?"라는 질문을 받은 조승연 작가의 사례처럼 노부부가 입 밖으로 말을 내지 않았더라면, 집단을 범주화하고 집단의 안과 밖을 만들어내는 노부부의 의식은 시선 속에서 보이지 않게 작용했을 것이다.

문화적 동질성은 시간의 적층으로 만들어진다. 이것을 공유하는 사람들 간의 유대감은 쌓인 시간만큼 견고하다. 내집단에서 구성원으로의 승인이란 유사성을 파악해서 단번에 획득하는 것이 아니라 시간을 두고 끊임없이 자격을 인증해야 얻을 수 있다. 그러므로 외집단의 이방인이 내집단으로 편입한다는 것은 의지만으로 극복해내기 쉽지 않다. 의지와 다르게 정규분포의 중앙에서 밀려나 있는 그들은 보이지 않는 낙인이 찍힌 것도 모른 채, 서글픈 '노오력'을 하는지도 모른다.

인류학자 김현경은《사람, 장소, 환대》에서 '사람'의 개념은 장소 의존적으로 "어떤 개체가 사람이 되기 위해서는 사회가 그에게 자리를 만들어주어야 한다."고 했다. 그러므로 사회적 성원권(Membership, 구성원 자격)은 "무엇보다 장소에 대한 권리와 관련이 있다."고 말하며 한나 아렌트의 표현을 빌려 사회를 '현상 공간'이라고 명명했다.
이 공간에서 인정하는 타인들과 신호를 주고받으며 나는 타인에게, 타인은 내게 현상한다. 그러나 이 말은 뒤집어 말하면 인정하지 않는 인간 앞에서 나는 현상하지 않고, 그도 내 앞에서 보이지 않는 듯이 무시할 수 있다는 뜻이다. 나치 치하에서 유대인 가슴에 달아놓은 '노란 별'이라는 낙인은 유대인을 투명 인간으로 만들었다. 우리는 여전히 '우리 아닌 것들'을 맹렬히 구별하고 가슴에 노란 별을 달아서 못 본 척하지는 않는가.

세상에서, 정확히는 사람의 사회에서 외면받은 자들은 어디로 갈까. 낮고 어둡고 습한 곳이다. 그들은 아래로, 더 아래로 내려간다. 더 이상 손이 닿지 않는 곳에서 그들만의 자리를 창조해낸다.

영화 〈기생충〉은 기택 가족의 낙인을 눅진한 지하의 냄새로 표현한다. 신분을 포장하고 옷을 세탁해도 자리의 냄새는 감춰지지 않는다. 빚 독촉에 시달리다 박 사장의 집 지하로 숨어든 근세 역시 그 냄새를 지니고 있다. 그들이 내몰리는 상황이 슬프면서도 냄새에 코를 막는 박 사장을 관망하고, 결국 거짓으로 점철된 기택 가족과 비극의 서막을 연 근세 가족에게 온정의 손길조차 내밀지 못한다. 이러지도 저러지도 못하게 하는 영화를 보면서 몹시도 불편해진다.

안타깝지만 외면해온 것들이 내 앞에서 '현상'하려고 할 때, 당황스러운 나는 다시 선택지 앞에 서 있다. 보이지 않는 세상이라고 없는 세상은 아니다. '우리'란 무엇이고 어디까지인가.

"고양이들 피해서 사라지거나, 날 따뜻해지면 어디론가 가겠지. 창문 열 때 방충망만 잘 닫아둬."

죽음의 연습

침대

생일 전날 밤, 톨스토이의 《이반 일리치의 죽음》을 읽는다. 포근한 침대에 누워 있으면서도 침대에 누워서 죽어가는 이반 일리치를 지켜보자니, 그의 옆구리 통증이 생생해져서 애꿎은 몸을 뒤척였다.

다른 사람도 아닌 내가 죽는다는 건 도저히 있을 수 없는 일이었다. 그것은 너무도 끔찍한 일이었다.

열한 살쯤인가, 부모님이 《논리야 놀자》라는 책을 사주셨다. 그 책에서 아리스토텔레스의 삼단논법을 처음 배웠다. 모든 사람은 죽는다. 소크라테스는 사람이다. 그러므로 소크라테스는 죽는다.

명징한 논리이다. 모순이라면 결론에 소크라테스 대신 나를 대입해보지 않는다는 점뿐이었다. 이반 일리치도 그랬고, 우리 대부분이 그랬다. 필멸을 인지하는 유일한 생명체라는 사실은 종종 다른 이의 죽음을 빌려 확인한다. 하지만 그것도 짙은 저항심의 바다에 빠지기 전에 잠시 머무는 작은 섬들에 불과하다. 아름답고 편한 것, 즉 '쾌'한 것을 추구하는 우리로서는 두렵고 불편한 죽음을 삶에서 멀리 떨어뜨려놓는 것이 본능이기 때문이다.

위생과 인권, 평화를 추구하는 문명사회로 걸어 들어오면서 우리는 죽음에서 한 발 더 멀어졌다. 톨스토이가 《이반 일리치의 죽음》을 쓰던 1882년에도 죽음은 삶에서 배제되어 있었지만, 내가 살고 있는 2022년에는 죽음이 삶에서 비켜나가다 못해 은폐되는 느낌이다. 시스템적으로 우리 시야에서 가려지고 있다.

집은 관혼상제로 이루어지는 일생의 사건들을 다루며, 삶을 담는 그릇이라는 본분을 다해왔다. 그런데 어느 날부터 이 그릇이 출산, 돌잔치, 결혼에 이어 죽음까지 삶의 조각들을 떼어내기 시작했다. 떼어낸 조각들은 '외주화'라는 이름으로 뿔뿔이 흩어졌다.

옛날에는 대부분 집에서 임종을 맞이했다. 임종이 다가온 가족은 안방이나 그 사람이 거처하던 방으로 옮겨 해가 잘 드는 방향으로 머리를 누이고 마지막 말을 조용히 기다렸다. 천거정침(遷居正寢)이라고 한다. 익숙한 장면, 냄새, 소리에 둘러싸여 삶의 마지막 시간을 보냈고 집안의 어린아이까지도 이 과정을 함께 했다. 2016년 통계로 10명 중 1명만이 집에서 임종을 맞는다. 집을 대신해서 죽음이라는 조각을 받아 든 병원과 요양원은 죽음을 타자화하고 특수하게 만들었다. 이제 집은 이가 듬성듬성 빠진 그릇이 되어 삶을 한껏 보듬어 담을 수 없게 되었다.

죽음을 목격하지 못하게 된 사람들은 뉴스를 통해 비극적이고 안타까운 죽음만을 보게 된다. 다른 채널에서는 불멸의 환상을 심어주는 건강식품 광고와 아름다운 연예인들의 사랑 연기를 보여준다. 이 강렬한 대비를 통해 죽음은 삶에 폭압이나 휘두르는 무섭고 무자비한 존재로만 인식되어간다.

그러나 죽음은 피할 수 없는 보편이다. 많은 종교가 죽음과 순환, 초월을 연결 짓지만, 현실에서 인식할 수 있는 거라곤 삶은 탄생부터 죽음까지의, 직선의 이야기라는 것이다. 살아가는 이야기는 죽어가는 이야기이다. 지구의 핵처럼 어느 방향으로 삶을 뚫고 들어가도 결국은 죽음이라는 핵에 다다른다. 우리의 삶은 언제나 죽음을 정조준하고 있다.

나는 나의 죽음이 두렵다. 가족과 친구의 죽음이 두렵고, 당신의 죽음이 두렵다. 80세 노인이 있다고 치자. 그가 자신의 80년 삶과 한순간의 죽음을 저울 양쪽에 달았을 때, 시간의 길이가 경중을 가릴 수 있을까. 그와 그의 가족 앞에서 어떤 어린이의 죽음에 비해 그의 죽음이 가볍다고 감히 말할 수 있을까. 모든 죽음은 무겁다. 그래서 더더욱 죽음을 회피하고만 있을 수 없다.

준비된 죽음이 있겠냐마는 가장 준비되지 않은 죽음은, 죽음에 대해서 생각해보지 않은 채 맞이하는 죽음이다. 철학자이자 신학자인 김상근 교수는 그리스 시대에 추구하던 진, 선, 미를 통해, 살아가면서 품어야 할 질문을 말했다.
참자아를 찾기 위한 '나는 누구(眞)인가?', 더불어 사는 도덕적 삶을 위한 '어떻게(善) 살 것인가?', 얼마나 창조적인 삶을 살다가 '어떻게(美) 죽을 것인가?'

나는 누구이며 어떻게 살 것인가라는 질문은 늘 곁을 맴돌지만, 마지막 질문은 그 앞에 발로 죽 금을 그어놓는다. 앞서 살아가는 이야기는 죽어가는 이야기라고 했다. 뒤집어 말하면 어떻게 죽느냐의 문제는 어떻게 창조적인 삶을 살아가겠는가의 문제이다. 죽음에 대한 사유 없이 삶을 기획할 수 없다.

죽음에 대해 선명한 생각이 들면 아이러니하게도 유한한 삶에 대한 애착이 솟아난다. 여섯 살 어린아이도 엄마가 언젠가 자신을 떠날 거라는 진실을 직면하면, 나를 꼭 안으며 "엄마, 사랑해."라고 말한다. 밤새 선잠을 자는 날이면, 문득 일어나 미동도 하지 않고 자는 남편의 코에 손을 갖다 댄다. 굳이 아이방까지 몸을 옮겨 아이의 얼굴에 귀를 기울인다. 그것은 두려움에서 시작되어 감사함으로 끝맺는 의식이다.

평생을 '죽음'이라는 주제에 천착한 톨스토이는 83세에 사망했다. 당시 러시아인의 평균 수명이 41세임을 감안하면, 죽음을 의식한 생활이 정력적인 작품 활동의 동력이 되지 않았을까 하는 물음은 합리적 의심이다.

"죽음은 끝났어."
그는 자신에게 말했다.
"죽음은 더 이상 존재하지 않아."

그는 숨을 깊이 들이마셨다. 하지만 들이마신 숨을 미처 내뱉기도 전에 온몸을 쭉 뻗더니 그대로 숨을 거두었다.

이반 일리치는 죽음이 끝나면 어떻게 되는지 답하지 않은 채 떠났다. 그의 의문은 내 몫이 되었다. 책을 덮고 이불을 뒤집어썼다. 앞으로 어떻게 살아야 하지? 라는 질문에 직면했을 때 나는 항상 이렇게 했다. 아침이 되면 깊고 긴 잠의 그물에 불필요한 것들은 걸러지고 정말 중요한 것들만 남아 있었다. 잠은 죽음과 가장 닮았다.

플라톤은 《파이돈》에서 소크라테스의 입을 빌려 "영혼은 이승에서 살아갈 때 몸과 어울리려고 하지 않고 오히려 몸을 피해 자기 자신 속으로 침잠해 들어가서, 늘 죽음을 연구하고 죽는 연습을 하지 않았던가? 철학은 죽음의 연습을 하는 것."이라고 했다.

나는 침대에서 철학을 한다. 삶의 거울이 될 죽음을 헤집다가 잠에 빠져든다. 밤 동안 정말 죽음이 침대 모서리에 걸터앉아 있을지도 모를 일이다. 다만 내일, 생일날 아침에 눈을 다시 뜨게 된다면, 모든 것에 감사하며 새날을 시작할 힘을 내야지.

흘려보내는 장소

욕실

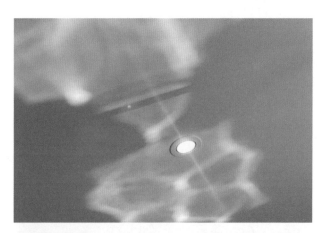

벌써 세 번째, 안방 욕실 도면을 수정하고 있을 때였다. 1층 게스트룸 화장실과 2층 아이 욕실은 순전히 기능을 위한 용도였다. 둘은 각 층에 다른 공간들을 배치하고 남은 곳에 적절히 넣어주었다. 안방의 배치는 욕실에서부터 시작되었다. 처음부터 무조건 크게 해달라고 건축가에게 요구했다. '크게'의 정도를 다르게 이해하다 보니 결과물을 두고 설왕설래하는 데 시간을 많이 사용했다. 수정된 도면을 보고 나는 "더 많이 키워주세요."라고 했고, 건축가는 다음 도면에서도 내 성에 차지 않게 욕실을 키워왔다. 경주마에게 차안대를 씌워놓은 것처럼 욕실의 크기를 확보하는 데에만 온 신경이 집중되었다. 그러나 공간들을 복합적으로 고려하는 건축가는 큰 것을 넘어서 자칫 비대해질 수 있는 욕실을 좌시하지 않았다.

"여기서 욕실을 더 키우면 침대를 놓을 공간이 사라져요. 게다가 알레르기 때문에 드레스룸과 자는 공간도 분리해달라고 하셨잖아요. 도면이라서 그렇지 실제로 만들면요. 욕실은 지금도 충분히 커요."

입을 꾹 다문 채 아무 말도 하지 않았다. 내 집인데 이거 하나 내 맘대로 못 하나. 포기하고 싶지 않았다. 건축주는 저마다 크기에 욕심을 부리는 공간이 있다. 커다란 크기는 힘과 관련되어 있다. 《삶으로서의 은유》를 집필한 인지언어학자 조지 레이코프와 철학자 마크 존슨은 이것을

"중요한 것은 크다(Important is Big) 은유."라고 명명했다. 은유는 추상적인 관념을 우리가 경험을 통해 기억 속에 만들어둔 이미지(도식)와 연결해서 전달하고 이해시킨다. 크기의 중요성이 보편적인 은유가 된 까닭은 우리 모두가 나보다 훨씬 큰 존재들의 보살핌을 받으며 자라온 공통의 경험을 가지고 있기 때문이다. 어린아이들은 그림을 그릴 때 자신에게 제일 중요한 존재를 가장 크게 그린다. 무의식 속에 내면화된 '크기의 도식'은 커다란 공간을 만날 때 소환된다. 공간이 주는 힘의 메시지를 곧바로 명확하게 전달한다.

건축가는 내가 욕실을 아주 중요하게 생각하는 것을 이해했다. 한편, 똑같은 요구를 하던 건축주들이 막상 짓고 나면 후회하는 경우가 많은 것도 경험을 통해 알고 있었다. 그래서 공간을 늘릴 때는 일부러 조금씩 점차 늘리면서 건축주와 조율한다고 했다.

> "아, 방법이 하나 있어요. 여기 위층을 옥탑방으로 해서 침대를 올리는 거예요. 대신 드레스룸 공간을 확보하기 위해서 좁은 계단으로 올라가셔야 하는데…."
> "괜찮아요! 그렇게 하죠. 침대만 딱 들어가면 돼요. 저희 침대 크기 확인해서 알려드릴게요."

침대 길이만큼 옥탑방 크기가 정해졌고, 사다리와 다름없는 가파른 계단이 생겨났다. 대신 욕실에는 넉넉한 2인용 욕조가 들어가게 되었으니 만족스러웠다. 일상적으로 듣던 요구에 경험적으로 대응하던 건축가는 유달리 외딴 고집을 부리는 내가 이해되지 않았을 것이다. 그는 결국 좋은 대안을 제시해주었지만, 욕실이 내게 어떤 의미인지는 묻지 않았다. 욕실이 어떤 은유를 담고 있는지 알려줄 기회가 있었다면 우리는 더 빠르게 이 결과에 도달할 수 있었을까?

이제 만날 수 없는, 우리 외할머니는 하꼬방(판잣집)에 살았다. 신촌 기차역에서 세브란스 병원으로 가는 길은 긴 내리막길로 되어 있다. 그 길과 일정 거리를 두고, 화강암과 콘크리트로 높이 쌓은 기찻길이 나란히 놓여 있다. 두 길 사이는 마치 깊은 골짜기 같았다. 그 골짜기에 외할머니의 집이 있었다.
마치 복도식 아파트처럼 기찻길 축대를 따라 긴 골목이 나 있고, 내리막길 옹벽에 붙어 하꼬방들이 줄지어 늘어서 있었다. 슈퍼를 다녀오는 길에 할머니가 '요이땅!' 하고 외치면 나는 골목의 두 번째 쪽문까지 줄달음을 놓았다. 끼익끼익 하는 쪽문 안에는 다섯 가구가 옹기종기 모여 있었다.
2층 높이의 단단한 옹벽 위를 걷는 사람들을 올려다보면 발은 크게 보이고, 얼굴은 작게 보였다. 외할머니의 집은 옹벽을 한 면으로 기대어 있었다. 어디부터 어디까지가 집인지 모르게 덕지덕지 파란 슬레이트로 덮인 할머니의 집. 누군가 길을 걷다 캔이나 유리병을 던져서 슬레이트 지붕에서 통-통 소리가 났다. 누구나 내려다보는 위치에 있는 집이라고 그 안에 사는 사람도 낮잡아 볼 위치에 있다고 생각했나 보다. 행인들은 마땅한 공중도덕을 지키지 않았다.

역시나 파란 슬레이트로 만든 변변찮은 문. 도둑조차 들어설 필요를 못 느끼는 하꼬방 문간에는 할머니의 분홍 목욕 바구니가 놓여 있었다. 할머니는 새벽마다 샴푸, 린스, 초록색 이태리타월이 든 플라스틱 바구니를 들고 신촌 기차역 앞 대중목욕탕에 다니셨다. 부모님의 맞벌이로 방학 동안에는 외갓집에서 오래 머물렀는데, 할머니는 내가 일어날 때까지 기다렸다가 함께 목욕탕에 데려가곤 했다. 온탕과 냉탕을 번갈아 드나들며 수영하고 나서, 딸기 우유에 빨대를 꽂아 물고 목욕탕을 나설 때의 기분. 말로 더 어떻게 표현할 수 있을까. 할머니는 좋아하는 도라지 담배 한 갑을 사 들고, 우리는 손을 잡고 내리막길을 걸었다. 짧지만 강렬한 상쾌함이었다.

집에 돌아가면 어김없이 눅진한 더위에 금세 땀으로 범벅이 될 터였다. 게다가 여름 장맛비까지 내리면 인근의 더러운 것들이 동네에서 가장 낮은 곳, 하꼬방 골목으로 흘러들었다. 아무렇게나 버려진 쓰레기들에서 코를 찌르는 악취가 났다.

어린이의 눈으로는 보이지 않던 것이 하나둘 보이기 시작하면서 그 시절의 할머니는 자주 복기의 대상이 되었다. 사는 곳이 사회의 계급으로 불리는 비애. 할머니는 그 비애를 어떻게 견디었을까. 설움이 밖으로 드러나지 않는 잔잔한 애수가 될 때까지 씻고, 흘려보내던 장소가 목욕탕이 아니었을까 생각했다.

할머니가 어린 시절을 보낸 일제 강점기 시대에 목욕이란 청결과 위생의 의미를 초월한 문명사회로의 개화를 상징했다. 사회에서 소외되지 않으려는 할머니의 존엄을 지켜주는 행위가 목욕이었을 것이다. 혼탁함 속에서 고아하게 피어나는 연꽃처럼 살고 싶어 한 할머니에게서는 정말로 꽃 냄새가 났다. 목욕이 단지 몸을 씻는 행위가 아님을 배웠다.

욕실에 들어간다는 것은 내게 마음을 정렬할 시간이 필요하다는 하나의 은유가 되었다. 뜨거운 물에 몸을 담그면 들뜬 마음들이 물 위로 내려앉는다. 흐르는 물에 머리를 감으면 한 올 한 올에, 몸을 씻으면 구석구석에, 눌어붙은 부정의 마음 찌꺼기가 떨어져 나간다. 흘려보낼 것들과 욕실에 머무는 시간은 정비례한다. 세상과 나를 차단해주는 물소리가 멈추면 이제 다시 밖에 나가 할 수 있겠다는 마음이 샘솟는다. 삶에 의욕을 가질수록 욕실은 중요해졌고 그에 걸맞은 크기로 완성되기를 바라는 마음은 은유를 넘어서 의지가, 고집이 되었다.

여전히 조금 아쉬운 욕실이 완성되었다. 욕실 수납장은 평소에 즐겨 쓰지 않는 연한 분홍색으로 칠했다. 외할머니의 분홍색 목욕 바구니를 은밀하게 남겨둔 것이다. 오늘도 한줄기 물에 흘려보낼 것이 있었던가. 장을 열어야겠다.

다른 세상을 만날 기회

계량기

매월 하순이면 남자 검침원이 수도 계량기를 확인하러 온다. 빨간 50cc 텍트 오토바이를 모는 사내의 옷차림은 오고 가는 계절에 따라 조금씩 변화한다. 그래도 볼펜과 작은 손전등을 끼운 검은 낚시 조끼, 먼지를 툭툭 털어낼 수 있는 짙은 색 등산바지 차림은 변하지 않는다. 한 손에는 계량기 뚜껑을 들어 올릴 긴 꼬챙이를 쥐고 있다.

마당에 나가 있다가 그와 마주치는 날에는 꼭 한 마디를 건넨다. 피부에 관심이 많은지 사시사철 선글라스와 바라클라바로 얼굴을 가리고 있다. 그래서 오직 목소리에 집중하게 된다. 목소리만 들어서는 내가 아저씨라고 부를만한 나이는 아니다. 그렇다고 달마다 마주치는 청년에게 '저기요' 하고 길에서 마주친 낯선 이를 대하듯 부를 수도 없다. 이럴 때는 어떻게 불러야 하는지 누가 콕 집어 알려주면 좋겠다. 정수기 필터 교환하러 오는 코디님, 가전 수리는 기사님. 집 안에 들어와서 집주인과 한두 마디라도 나눠야 하면 호칭 정도는 있다. 언어는 현실을 반영하니까 알맞은 호칭이 없다는 건, 최소한의 상호작용조차 할 필요가 없는 역할을 수행하는 의미로 해석될 수도 있다. 아저씨. 기어이 애매한 호칭으로 부르기로 한다. 없는 것보다는 낫다. 작은 마을에서는 아줌마와 아저씨가 이야기 나누는 풍경이 무난해 보이기도 하고.

애매한 호칭을 가진 검침원 아저씨의 수도에 대한 지식은 전혀 애매하지 않았다. 일하면서 쌓은 경험과 정보는 살아 있고, 풍부했다. 주택에서는 매달 부담할 관리비랄 것은 없고 수도, 전기, 가스 요금, 이 공과금 3종만 잘 납부하면 된다. 쓰는 만큼 내는 간단한 원리이지만 집주인이 관리를 어떻게 하느냐에 따라 비용을 절감할 수도 있고, 관련된 시설물의 수명을 늘릴 수도 있기 때문에 운용의 묘미를 배워두는 편이 좋다. 생소한 분야를 더 빠르게, 익숙하게 만드는 방법은 책보다는 사람을 통해서이다.

인사를 자주 나누다 보니 청년 아저씨는 어느새 나의 수도 선생님이 되었다. "미터기가 뒤로 가는 경우도 있나요, 어쩌다 누수가 되면 요금 감면 받을 방법이 있을까요, 겨울철 계량기 관리법은요?" 같은 궁금증과 함께 "앞집, 옆집은 물을 얼마나 써요?"처럼 슬쩍 떠보는 질문도 했다. 책에서는 알 수 없는 이런저런 수도에 관한 살아 있는 정보를 듣는 일이 재미있었다.

덕분에 부서진 계량기 뚜껑을 구청에서 무상 교체 받았고, 하수도 공사 후에 추락하는 고도계처럼 사정없이 돌아가는 미터기에도 당황하지 않고 상하수도사업소에 전화할 수 있었다. 내가 그에게 할 수 있는 보답이라곤 별것 없었다. 계량기 뚜껑이 잘 열리도록 틈새에 흙이나 쓰레기가 끼이지 않게 관리한다든가, 동파를 막으려고 계량기 주변에 옷가지를 넣을 때 눈금을 피해서 넣는다거나 하는 정도였다.

수도는 동파와 누수만 없다면 신경 쓸 부분이 없고 사용량도 매달 비슷해서 고지서를 잘 챙겨보지 않았다. 그런데 그달은 겉면에 쓰인 자잘한 글씨에 눈길이 갔다.

---

귀 수용가의 수도계량기는 상수도 현대화 사업의 일환으로 스마트 수도미터로 교체(12월 20일까지)하오니 양해하여 주시기 바랍니다.

이제 검침원 아저씨를 볼 수 없다는 말을 '상수도 현대화 사업'이라는 단어로 멋지게 포장해놓았다. 그건 개인사업자인 수도 검침원에게는 해고문이었다. 목적어가 없는 양해는 과연 내가 생각하는 부분에 대해 양해를 구하는 게 맞을까, 아니면 양해의 내용이 무엇인지는 모르겠으나 그게 뭐가 되었든 너그러이 넘어가달라는 이야기인가. 분명 사람이 지어낸 문구일 텐데 공문 서체에서 사람 냄새가 나지 않는다. 나는 수신인 주소 위에 보호 없이 속살을 드러낸 다른 이의 해고장을 대신 받아 들고 민망하게 서 있었다.

아주 낯설지는 않은 상황이었다. 전기 계량기가 원격검침으로 바뀌던 때가 떠올랐다. 전기 검침원 언니가 "다음 달부터는 못 올 것 같아요." 했을 때, 나는 대신 얼굴이 붉어졌다. 그녀는 이제 덥고 추운 날 걸어 다니지 않아도 돼서 좋다고 농담으로라도 말하지 않았다. 가사에 도움이 되었을 일자리였을 거다. 그녀 역시 조끼를 입어야 했다. 감색 조끼 주머니에는 역시나 볼펜이 가장 먼저 보였고, 집주인이 부재중일 때 쓰는 노란 포스트잇을 넣고 다녔다. 볼 때마다 입고 있던 푸른 청바지는 젊음의 상징이지만 그 기원은 척박한 환경에서 일하던 노동자의 작업복임을 알고 있었을까. 운동화 끈을 제일 윗구멍까지 꼼꼼히 끼워 묶은 채 그녀는 걷고 걸었다.

아스팔트도 절절 끓는 한여름, 그녀가 벨을 눌렀다. 반가운 마음에 차가운 물 한 컵을 들고 나갔다. 원격검침 시범 기간인데 기계가 제대로 작동하지 않는 집이 있어 체크하러 나왔다고 했다. 기계의 시범 기간은 우리 만남의 시한부였다. "기계가 더위를 먹었나 봐요, 하하하." 한바탕 웃고 난 그녀는 누진세 구간을 아슬하게 넘긴 계량기 숫자를 조금 낮춰서 기록했다. "어차피 다음 달에 낼 거니까요, 호호." 아마도 물 한 잔에 대한 보답이다.
아직 남은 집이 많다며 운동화 끈을 단단히 묶고 떠난 그녀는 이후로 다시 보이지 않았다. 기계가 아무래도 정신이 들어왔나 보다. 우리가 주고받던 호의는 이제 보이지 않는 전파로 증발해버렸다. 한 번의 꼼수도 허락하지 않는 '스마트' 미터기가 그리 얄미워 보일 수가 없었다. 한전의 자회사에서 검침원들을 정규직으로 받아주었고, 검침원의 자리가 사라지면 대체 직무로 옮겨준다는 뉴스를 들었다. 공석이 많은 지방으로 발령이라도 나면 아이 엄마인 그녀는 내려갈 수가 있을까?

도시가스는 가스누출검사를 해야 해서 아직 담당자가 배정되어 있다. 하지만 한 해에 두 번이라 볼 때마다 데면데면하기도 하고, 담당이 바뀌는 경우도 있다. 그마저도 예전처럼 비누 거품을 사용하지 않고 공항 검색대에서처럼 어떤 단말기로 배관 주변을 눈 깜짝할 새에 쓱 훑으면 끝이 난다. 혹시 저 단말기 단가가 낮아지면 이 일자리도 필요 없는 날이 올까 하는 생각을 해본다. 검사 외에 모든 부분은 모바일 애플리케이션 사용을 권유한다. 사용성도 좋고 에너지 절약 정보도 일목요연하게 나와 있어 사실 편리하고 유용하다. 계량기를 휴대전화로 찍어 자가 검침을 완료하면 150원을 캐시로 적립해준다. 종일 발로 뛰어 검침하던 이들의 검침 비용은 호당 얼마 꼴이었을까? 150원과 가구 수로 역산을 해본다.

기술은 항상 사람의 손길을 덜어내는 방향으로 진화한다. 기술은 숫자로 이익을 증명하지만, 사람과 사람이 마주 서면 보이는 숫자 이상의 것을 얻게 된다고 믿는 나는 시대에 뒤떨어진 사람일까. 스마트해진 기계로 절감된 비용이 우리를 좋은 방향으로 이끄는 게 맞을까. 한 사람은 하나의 세상이다. 기술 환경이 내가 어떤 세상을 만날지마저도 정하고, 유도한다는 사실을 깨달을 때마다 무섭다.

나는 점점 더 알고리즘이 선별하는 세상 속을 거닐게 될 것이다.

시대의 흐름에 따라 돛단배처럼 부유해도 변변한 호칭도 없던 누군가의 아들과 누군가의 엄마는 기억하고 싶다. 검정 조끼 아저씨, 감색 조끼 아주머니가 떠나간다. 앞으로 얼마나 많은, 조끼 입은 사람들이 사라질까. 다닥다닥 붙어 있는 조끼 주머니에 들어 있던 소지품을 꺼내서 어디로들 갈까.

되돌릴 수 없는 것을 대하는 자세

콘센트

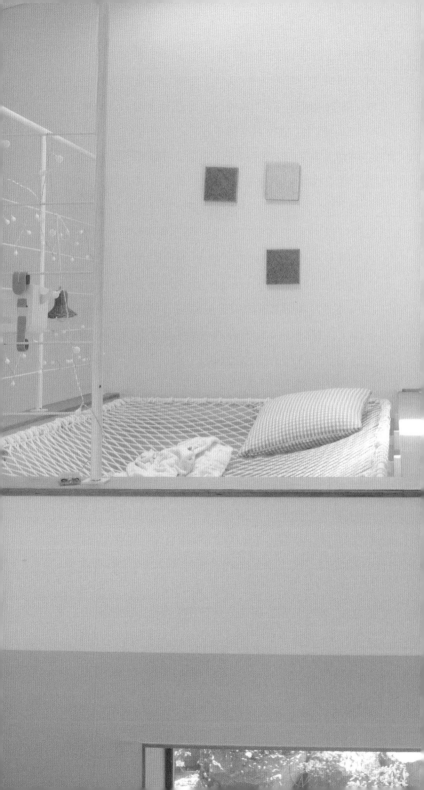

분한 마음이 못내 가시지를 않는다. 근처에 콘센트가 없어서 미리 충전하지 못한 탓이다. 촬영 버튼을 누르려는 찰나에 꺼져버린 휴대전화와 희멀건 벽을 번갈아 쳐다본다. 그리 본다고 없던 콘센트가 생겨날 리가 없다. 하릴없이 휴대전화를 내려놓는다. 다시 그물침대에 벌러덩 드러누워 올려다보니, 천창 너머로 곰실곰실 흘러가던 하얀 피사체는 이미 사라졌다. 한번 지나간 구름은 다시 돌아오지 않는다. 좀체 풀리지 않는 유감의 무게가 더해졌는지 몸을 누인 그물도 엿가락처럼 아래로 축 늘어진다. 이 분한 마음은 어디에서 왔을까. 또 어디를 향해야 할까. '벽에 콘센트가 많으면 보기에 안 좋다고 네가 개수를 줄였잖아.' 기억의 목소리가 나 자신에게 화살을 겨눈다. 하지만 내면의 귀는 못 들은 척한다.

집짓기 과정에서 무엇 하나 중요하지 않은 공사가 있겠냐마는, 전기 배선 공사는 여러 번 강조해도 모자랄 정도로 중요하다. 벽을 석고 보드로 두르고 도배나 도장을 마치는 순간부터 배선 작업은 수정이 거의 불가하기 때문이다. 살면서 이리저리 옮기거나 다시 설치할 수 있는 가구와는 다르다. 콘센트 하나 추가하자고 어디로 지나가는지 모르는 전기선을 찾겠다며 벽을 부수기는 요원하다. 골조 공사를 마무리하고 내부 공사에 들어가는 동시에 도면에 콘센트, 조명을 위한 배선을 계획했다. A4로 축소해놓은 도면에 빨간색으로 콘센트를 그려 넣다 보니 너무 빽빽하지 않나? 하는 생각이 들었다. 콘센트는 최대한 많이 표시하라는 현장소장의 말을 들었음에도 하나둘씩 줄였다. 어떻게든 되겠지, 그런 마음이 화근이었다. 현장에서 작업자들과 콘센트 개수나 위치를 확인했지만, 그물침대 주변을 놓치고 말았다. 그물을 매달기 전에는 구멍이 휑하니 뚫린 5미터 높이의 허공과 다름없었기 때문이다. 콘센트의 부재를 알아차렸을 때는 이미 늦었다.

어느 날 배가 고픈 여우 앞에 포도나무가 나타났다. 주렁주렁 매달린 탐스러운 포도송이를 보자 여우 입에 침이 절로 고인다. 그러나 포도나무 키가 너무 크다. 여우는 팔을 쭉 뻗어 휘둘러도, 발을 굴려 뛰어올라도 포도가 달린 넝쿨에 닿지 못한다. 탈진할 지경인 여우는 허망함에 몸을 부르르 떤다. 그러나 이내 마음을 바꿔먹고 나무에서 등을 돌린다. 고개를 약간 치켜들고, 눈을 내리깔며 세상만사를 다 안다는 듯 혼잣말을 중얼거린다.

"딱 보니까 저 포도는 시어빠졌네. 맛없는 신포도는 따 먹을 필요가 없지. 안 먹길 잘했어."

《이솝우화》에 실려 있는 '여우와 신포도' 이야기이다. 포도를 먹지 못한 여우처럼 내 생각대로 일이 흘러가지 않을 때, 이미 일어난 일을 되돌릴 수조차 없을 때 우리는 마음이 몹시 불편하다. 이러한 상태를 '인지부조화'라고 한다. 꺼져버린 휴대전화와 역시나 콘센트가 없는 벽을 대하면서 솟구치던 분한 마음은, 내가 상황을 통제할 수 없다는 무력감의 소산이었다. 이 불편한 심정의 출처는 집에 대한 나의 확신이기도 했다. 신념이라기엔 거창하지만, 꼼꼼하게 신경 쓰고 되도록 현명하게 집을 지었다는 굳은 생각에 균열을 내는 지점을 나는 선뜻 용납하기가 어려웠다.

남편은 콘센트가 부족해서 아쉽다는 이야기를 종종 한다. 한여름에 선풍기를 꺼낼 때, 겨울에 가습기를 켤 때, 그 외에 어떤 새로운 가전기기를 들였을 때. 집 짓는 사람에게 조언할 기회가 있다면 제일 강조하고 싶은 말 중 하나가 '콘센트 무조건 많이 넣으세요.'란다. 그 말을 있는 그대로 들으면 되는데 왠지 나의 부족한 부분, 잘못한 점을 지적하고 타박하는 것으로 들려서 마음이 몹시 불편하다. 나는 점점 집과 나 자신을 동일시했다.

인지부조화로 생기는 심리적 압박감을 해소하기 위해 우리는 본능적으로 자기방어 기제를 내세운다. 부인하거나 과소평가하기, 상황의 오류를 찾고 의심하기, 망각하기, 변명거리를 찾거나 기대치를 수정하기, 포기하기, 인정하기. 여러 가지가 있지만 공통점은 나의 태도를 바꾼다는 것이다. 이미 벌어진 일이나 취한 행동은 바뀔 수 없지만 태도는 내가 통제할 수 있기 때문이다.

니체는 이렇게 말했다.

"나는 그것을 했다."라고 기억이 말한다. 자존심은 "내가 그것을 했을 리가 없다.”라고 말하며 맞선다. 결국 기억이 자존심에 굴복한다.

나의 자존심은 이렇게 말했다.

콘센트 정도야, 집짓기에서 하찮지. 그러니까 중대한 실수는 아니야.(과소평가하기), 나는 제대로 전달했는데 작업자가 잘못한 거 아냐?(의심하기), 당시에 신경 쓸 게 너무 많았어. 여유가 있었다면 절대 빼먹었을 리가 없어.(변명거리 찾기)

마지막은 정당화로 화려한 막을 내린다.

‘여긴 휴식을 위한 공간이잖아. 앞으로 그물침대 근처는 전자기기 프리존이다. 콘센트는 없어도 돼.’

종종 집에 대한 소회를 말해달라는 요청을 받는다. 요청의 일부는 후회나 미련 따위의 감정이 남는 부분을 일러달라는 의미가 담겨 있기도 하다. 신기하게도 그때마다 생각이 잘 떠오르지 않는다. 아쉬운 게 없는 줄 알았다. 다시 생각하니 아니다. 그런 부분들이 나 자신에게 옮아오지 않도록 분리하고 잊어버리는 ‘망각’이라는 방어기제를 사용했다.

집과 나를 동일시하면서 다양한 방어기제를 내세워서 숨기는 것은 나의 취약함과 수치심이다. 이 두 가지는 숨겨지기는 하지만 사라지지는 않는다. 차차 쌓이면서 마음을 잠식한다. 소위 정신 승리로 상황을 모면한다고 해도, 불편감은 완벽하게 해소되지 않는다. 완전히 삭제되지 않는

레거시 코드처럼 무의식에 희미한 얼룩으로 남는다. 얼룩은 다음 번 비슷한 상황이 벌어질 때 더욱 빨리, 날카롭게 반응하도록 만드는 최단 경로가 된다. 이런 식이면 나는 더욱 예민한 사람이 되어갈 수밖에 없다. 이 집에서 살면서 스스로를 힘들게 몰아가고 싶지 않다.

취약함과 수치심을 연구하는 심리학자 브레네 브라운은 자신이 취약하지 않다는 환상은 튼튼한 방패가 되어주지 않으며, 오히려 자신의 진짜 보호막을 약화한다고 했다. 나의 취약성을 끌어안고 드러내야 비로소 진짜 보호막을 가질 수 있다는 뜻이다. 되돌릴 수 없는 상황을 먼저 인정해야 한다. 기회가 있다면 다음 번에는 달라지고 싶었다.

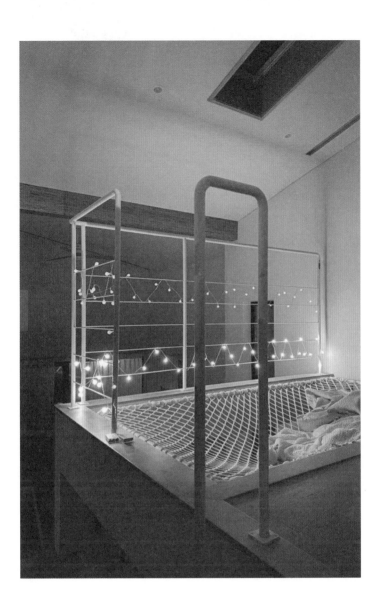

타자의 자리

석축 바위

뒷마당 석축 사이로 우수관로가 드러나 있다. 구청 공사 장부에도 적히지 않아서 1980년대 이전에 누군가 심어놓은 것이라고 어림짐작할 뿐이다. 우수관로는 뒷집 지하를 관통해 우리집 경계에서 끝이 나는데, 위치가 내 키만큼 높다. 장마나 가을 태풍에는 산에서 받아먹은 물을 울컥울컥 토악질한다. 양수기를 대동해 뒤이을 물난리를 겨우 막아낸다. 그만한 눈엣가시가 없다. 그러나 대부분의 계절에는 있는 둥 마는 둥 존재감이 미미하다. 사람의 관심에서 비켜난 자리. 그런 곳을 길고양이들의 눈은 놓치지 않는다. 그 속에서 여름엔 뙤약볕을, 겨울에는 칼바람을 피할 수 있다. 높은 곳에서 내려다보길 좋아하는 고양이의 습성상 위치도 안성맞춤이다. 우수관로는 영역 다툼으로 손바뀜이 자주 일어날 만큼 길고양이들의 핫플레이스이다.

영하 10도를 오르내리는 강추위가 사나흘 지속되었다. 요즘은 공법이 좋아서 특별히 월동 준비랄 것도 없이 집 안에서 버티면 된다. 세상에 대한 광범위한 호기심과 비판의식마저 사그라드는 계절의 고요. 뜨끈한 이부자리 속으로 몸이 파고드는 만큼, 생각도 내면으로 파고든다. 모든 것이 나 하나로 수렴되도록 만드는 이 계절을 좋아한다. 겨울날의 시혜를 즐기는 내가 엄마 눈에는 집 안에 눌어붙은 누룽지 같은 모양새 그 이상도 이하도 아니지만. 바깥 공기 좀 쐬라는 타박에도 꿈쩍 않는 나 대신 마당을 둘러보고 온 엄마가 목소리를 낮춘다. "잠깐 나와봐. 고양이가 죽어 있어…." 온몸이 버석- 하고 뜯겨 나오는 느낌이 들었다.

작은 몸이 우수관로 앞 바위 위에 누여 있었다. 볕이 잘 드는 자리에 너른 몸이 여름 한 날이라면 낮잠을 자고 있다고 착각할 만했다. 몸에도 상처 하나 없었다. 푹 꺼진 감은 눈에서 생명의 기운이 빠져나간 지 며칠 되었음을 짐작할 수 있었다. 내가 다음 봄날에 피워낼 것들을 위해 에너지를 응집하는 나날 동안, 너무 추웠거나, 너무 배가 고파서, 혹은 너무 아파서. 온 마음, 온 힘을 다해도 고양이는 따스한 봄날을 기약할 재간이 없었음이 선연하게 다가왔다. 나의 계절의 고요는 깨졌고, 그게 어떤 의미인지 깨닫자 다른 종류의 고요가 찾아왔다.

어느 날은 집에서 사람보다 고양이를 더 많이 보았다. 제 집처럼 드나드는 고양이와 눈이 마주치면 '나가~' 하고 말했지만, 진심이라기보다는 그들에게 말을 걸 구실에 불과했다. 자신 없으면서 다정한 말투에 고양이들이 고개를 갸웃했다. 나로서는 그 말을 하는 나 스스로가 이상했기 때문에 그렇게 할 수밖에 없었다. '대관절 네가 뭔데 나가라 마라 해? 자연이라는 공유지에 금을 긋고 담을 쌓아 사유화한단 말이냐!' 하고 저들이 문제를 제기하면 그에 대항할 논리가 없기 때문이다.

조지 오웰의 《동물농장》은 체제를 비판한 우화이지만 우화가 아니다. '모든 동물은 평등하다. 그러나 어떤 동물들은 다른 동물보다 더욱 평등하다.' 인간이라는 동물과 비인간 동물들의 상황을 이다지도 명쾌하게 드러낸 구절이 있을까. 인간과 더불어 살고자 하는 동물에게 세상은 특별히 더 불평등하다.

영국 런던의 밤에는 여우들이 출몰한다. 도시에 사는 여우들이라 어반 폭스라고 부른다. 귀갓길에 마주친 쓰레기통을 뒤지는 여우가 신기하기도 하고, 도시에 살기까지의 우여곡절이 궁금해서 자료를 찾아본 적이 있다. 한 야생동물보호단체에서 자주 묻는 말과 답이 정리되어 있었는데, '그들은 왜 우리 도시에 살고 있나요?'라는 질문도 있었다. 답변 첫 문장은 이렇다. 'Why shouldn't they?' 그들이 그러지 않아야 할 이유는 없다. 딱 그 정도. 공존을 인정하는 정도라면 인간답게 더불어 사는 세상에 충분히 기여한다고 생각했다. 그러나 길고양이는 그 정도로는 충분하지 않다고 지적하고 있었다.

'인간은 만물의 영장'이라는 기치 아래, 동물의 범주에서 인간을 떼어내어 차별화했다. 그리고 나머지는 뭉뚱그려 동물이라고 지칭한다. 구체적인 주체들을 묶어버리면 추상적인 개념이 되어버린다. 그 안에 있던 개별 존재들의 형상과 성격은 지워지고 관념적인 하나의 대상이 되어 생명력이 사라진다. 사물화된 대상을 향한 우리의 공감과

연민은 사라지기 십상이다. 이런 현상이 인간과 비인간 사이에만 있는 것은 아니다.

함께 공부하던 한국인 친구가 영국의 길거리에서 받았다던 질문이 떠올랐다. "너는 왜 '우리' 나라에 살고 있어?" 친구는 영주권자이자 완벽한 영국 영어를 구사했다. 하지만 아시안 얼굴을 하고 있다는 이유로 받는 멸시 섞인 질문에는 말문이 막힌다고 했다.

그 영국인의 질문과 여우에게 향한 날 선 질문이 다르게 느껴지지 않은 이유를 하재영 작가의 《아무도 미워하지 않는 개의 죽음》에서 찾았다.

"한 사회 안에서 인간을 존중하는 태도와 동물을 존중하는 태도는 결코 동떨어져 있지 않다. 인권과 동물권은 양자택일의 문제가 아니라 오히려 상관관계다. 동물을 생각하는 일은 약자를, 궁극적으로는 우리 자신을 생각하는 일이다."

인간은 내면에 기울었던 시선이 안정되면 그 시선을 반드시 밖으로 확장해야 한다. 존재의 욕구가 해소된 후에는 필연적으로 관계와 성장을 도모하기 때문이다. 그 두 가지 모두 타자와의 연대로 가능하다는 걸 진실로 깨닫는다면 타자의 범위는 인간에서 멈추지 않을 것이다. 이 점을 일깨우기 위해 길고양이는 철저히 개별적인 존재로서 내게 다가왔다. 고양이는 죽을 때가 되면 몸을 숨긴다고 할 정도로, 자신을 잘 드러내는 편이 아니다. 의도 없이 자신의 죽음을 전시하고 싶어 하는 존재는 없다.

구청에 전화를 했다. 고양이를 안 보이게 신문지로 잘 싸서 종량제 봉투에 넣어 배출하라고 한다. 전염력이 있는 병원체를 가지고 있을 수도 있으니 절대로 매장을 하면 안 된다고 신신당부도 했다. 길고양이가 누워 있는 바위는 뒷집과의 경계석이다. 내게는 가진 것과 갖지 못한 것의 경계이지만, 길고양이에게는 그 어떤 날, 삶과 죽음의 경계가 되었다. 평생 집을 갖지 못한 존재들을 상상해봤다. 그 이름에 '길' 자를 생득하던 날에도 환영받지 못했을 텐데, 이름의 숙명처럼 죽음의 길마저 외롭게 접어들어야 한다니 종량제 봉투를 꺼낼 수는 없었다. 얼어붙은 몸이 바위에서 드득- 떨어져 나왔다. 동물장례사가 들고 온 종이 상자에도 차지 않는 작은 몸집은 더 이상 추위를 타지 않는 한 줌 가루가 되었다.

날이 풀리면서 눈이 내렸다. 쉬지도 않고 내렸고 죽음의 바위마저 덮었다. 언젠가 스승께서 말씀하셨다. 보수가 지켜야 할 것들을 지킨다는 건 많이들 아는데, 진보란 지켜야 할 것들을 늘리는 거라는 건 모른다고. 진보의 궁극이 생득의 차별 없이 세상의 모든 것이 존중받고 지켜지는 것에 목적을 둔다면, 어느 것 가리지 않고, 죽음 위에마저 평등하게 내려 앉는 눈의 포용력이야말로 진보적이다. 조금이라도 눈을 닮은 사람이 되고 싶다.

수면 아래 연결된 섬들

마을

공지사항) 안녕하세요. 이번 금요일 오전 8시에 마을 입구부터 도로 청소와 잡초 제거를 하려고 합니다. 각 가정에서는 필요한 도구를 지참하시고 꼭 참석하여 주시기를 바랍니다.

마을 대표에게서 문자가 왔다. 1년에 두세 번, 사람들이 모여 마을 청소를 한다. 설, 추석 연휴 일주일 전에 주로 하는데 올해는 태풍 때문에 추석 연휴 시작까지 미뤄졌다. 때마다 오는 문자이고 성묘를 가지 않으면 참여했지만, 매번 갈까, 가지 말까, 고민한다. 어떤 마을 공동체에 속해서 살기로 했다면 청소같이 모두를 위한 행사에 참여하는 건 당연하다고 생각한다. 그러면서도 '꼭'처럼 물러설 곳 없게 만드는 단어가 오히려 김을 새게 만드는데 '그냥 가지 말아버려?' 하고 어깃장을 놓게 되는 건, 내게 마을 사람들과 관계를 맺는 데 아직은 불편한 마음이 있어서인 것 같다.

'마을 청소' 하면 나는 자연스레 할아버지를 떠올린다. 할아버지는 매일 아침, 집 앞에 나가 쓰레기를 줍고 비질을 하셨다. 초록색 플라스틱 빗자루가 석석- 소리를 내며 아스팔트 위를 쓸어내기 시작하면 저 멀리서 "장 회장님! 안녕하십니까!" 하는 인사가 여기저기서 들려왔다. 할아버지도 "어이, ○ 회장! ○ 회장!" 하면서 인사를 하신다.

할아버지가 속한 조기축구회는 돌아가면서 회장을 하는지 할아버지 주변엔 거의 회장님들뿐이었다.

나는 대문에 걸린 우유 주머니를 챙기러 나왔다가 회장님들의 청소 회동을 지켜보곤 했다. 어르신들은 한 곳을 향해 비질을 하고 이윽고 어떤 접점에서 만나기를 반복했다. 보이지 않는 선이 있는 것 같았다. 지금 생각해보면 그것은 경계였다. 나를 빙 둘러싼 하나의 둥근 영역과 이웃들의 영역이 맞닿는 경계 말이다. 모두 보이지 않는 자신의 영역을 책임지고 있었다. 혹시라도 어떤 이가 내 경계를 넘는다면 그건 모두 호의에서 시작되는 것이라고 믿었고, 그건 시간과 의지가 필요한 일이었다.

내가 보아온 할아버지는 오랜 시간 스스로 좋은 이웃이 되고자 노력하신 분이었다. 그리고 누군가 청소를 나오지 않으면 부탁받지 않았어도 그이의 집 앞을 쓸어주고, 자신이 나오지 못하는 날에는 당연하게 누군가 자기 역할을 대신해주리라 믿었을 어르신들이 내가 기억하는 이웃이었다.

그러나 할아버지가 떠나시고, 내 기억 속 이웃의 이미지는 신기루처럼 소멸했다. 옆 동네 상권이 점점 커지면서 우리 동네의 풍경은 급격히 변화했다. 주택들이 상점이나 원룸, 사무실이 되면서 전에 없이 많은 사람이 동네로 밀려오기 시작했지만, 전보다 이웃들의 얼굴을 보기는 힘들어졌다.

보이지 않는 얼굴의 이웃들은 자신의 경계는 지키려고 하면서도 아무렇지도 않게 다른 이에게 피해를 주는 행동을 하기 시작했다. 그래도 특별한 의도는 없을 거라며 다만 무신경하기 때문일 거라고 좋게 넘어가면, 그런 생각을 보기 좋게 비웃듯이 다음 번 상황은 점점 확실한 악의 쪽으로 기울어갔다.

다른 집 쓰레기들이 점점 우리집 대문 가까이에 쌓이고, 차를 오도 가도 못 하게 주차해놓고는 연락처 하나 없는 차들과 갖가지 소음으로 눈살을 찌푸리게 되었다. 그 모든 시각, 청각 자극에서 비롯된 과거와의 괴리감으로 도시에서의 하루가 기진맥진하게 끝나는 경우가 잦았다. 사람에 대한 깊은 실망과 불신이 가장 가까이 사는 사람들에게서 생겨난다는 점이 나를 가장 슬프게 했다.


지금의 이 작은 교외 마을에 오게 된 이유 중 하나가 이 지점이었다. 서로 간의 영역이 부딪히지 않을 만큼 한적한 마을로 옮겨오는 것이 나를 지키는 방법이었다. 경계의 이랑인 집 담장을 한동안 쉽사리 넘지 않았다. 도시에서 이웃에 대한 경계심을 고스란히 안고 왔기 때문이었다.

시간이 지나면서 골목에서 마을 사람을 마주치면 인사도 잘했고, 한두 집과는 대화도 종종 나누게 되었다. 그래도 대화의 주제는 산책시키던 개나 마을 단위로 이루어지는 사업, 그러니까 상하수도나 가스, 도로 정비사업 따위의 범주에서 크게 벗어나지 않는 수준이었다. 관계의 접점을 되도록 적게 만들기 위해서다. 나는 이 마을에 떠 있는 하나의 섬이었다.

사람들이 하나둘씩 마을 어귀에 모여든다. 예초기부터 빗자루, 갈고리, 낫. 나와 아이는 집게와 비닐봉투를 들고 나왔다. 야멸찬 태풍이 지나가자 비에 쓸려 내려온 나뭇잎, 가지들이 마을 입구부터 즐비하다. 여물지 못한 푸른 도토리, 개암, 밤송이들이 길바닥에 나뒹군다. 칡과 환삼덩굴이 애먼 나무들의 숨통을 조이고, 산 아래 울타리도 넘어 야금야금 도로를 침범한다. 산울타리 위로 등에 짊어진 예초기를 가열차게 휘두르면, 뒤이어 사람들이 비질을한다. 남편도 함께 잔해를 모으고 쓸어냈다.

개울 위에 얹은 작은 다리를 지나 도로 양옆으로 집들이나오기 시작한다. 담을 따라 잡초를 뽑고 간간이 버려진꽁초들을 줍는다. 그 집이 청소에 나왔든 나오지 못했든,담을 정리하는 사람들의 손길에 차별이 없다. 어디서 본적이 있는 광경이었다. 그제야 우리집 벽돌담 틈에서 피어나던 민들레들이 어느 날 깨끗이 정리되어 있던 이유를알았다.

　　"저, 집에 세워져 있는 바이크 뭐예요? 지나갈 때마다 보이는데 반가워서요."

이마에 구슬땀이 맺힌 남자가 남편에게 다가온다. 주말 아침마다 배기통 소리를 크게 내며 집 앞을 지나던 바이크의 주인이며, 정원이 아담하고 예쁜 삼거리집 주인이다. 바이크 모델과 주변에 갈 만한 코스에 관해 이야기를 나누는데, 길가에 빨간 칸나꽃을 만지던 할아버지가 묻는다.

"내가 예전에 문 앞에 애호박 두고 갔는데. 잘 먹었나?"

백발이 성성하지만, 표정은 아이의 그것처럼 개구지다. 눈으로는 '놀랐지? 누군지 궁금했지?' 하고 묻는다. 작년 초여름 어느 날 현관문 옆에 애호박 한 꾸러미가 놓여 있었다. 메모도 남아 있지 않아서 누가 두고 갔는지 알 수가 없었다. 역시나 경계심을 가지고 의도를 짐작해보는 시간이 필요했던 나는 하루를 꼬박 묵히고 나서야 애호박들을 꺼냈다. 그 주간에는 내내 애호박으로 된장찌개, 전, 나물을 해 먹었다. 정말 맛있게 잘 먹었다고, 감사하다고 인사를 하니 '그래?' 하는 할아버지의 눈이 반짝 빛난다.

"어이구 총각, 아기 띠 메여서 엄마랑 다니던 때가 엊그제 같은데, 언제 이렇게 다 컸어요~?"

약간 지쳐 있던 아이를 마을 입구 교회 아주머니가 꼭 안아준다. 아이는 부끄러워했지만 품을 밀어내지 않았다.

세 가족이 나온 집은 여기뿐이라고 특별히 잘 챙겨줘야 한다며 통장님이 박카스를 건넨다. 삼거리 아저씨, 애호박 할아버지, 교회 아주머니, 통장님, 그리고 여기 모인 사람들과의 순간. 소리는 소거되고 장면만 슬로 모션으로 흘러간다.

아, 이 사람들은 지금껏 기다려준 거구나. 내가 그어놓은 미묘한 경계를 존중하고 보이지 않게 배려하면서. 너는 혼자 떠 있는 섬이 아니라고, 우리는 모두 수면 아래서 연결된 존재라고 내게 말해주고 싶었던 거다. 빗장을 빼꼼 열고 보니 경계의 이웃들이 손을 내밀고 있다. 그들은 내 쪽으로 들어오려고 하지 않고, 내가 그들 쪽으로 나오도록 독려하고 있었다. 사람들과 부딪히기 싫어서 차라리 외로운 작은 섬이 되길 선택한 내가 섬 아래 광활하게 펼쳐진 대륙을 일순간에 자각한다. 나는 다시 희망을 품어본다.

  "오늘 모두 수고하셨습니다. 건강히 지내다가 다음에 또 봅시다!"

파란 포터를 탄 통장님이 손을 흔들며 마을 사람들에게 인사한다. 우리는 명절 인사를 나누며 각자의 영역으로 돌아간다. 또 봅시다.

실존의 갑옷

방

통, 통, 통, 통통통토르르르-.

목탁 소리가 아스라이, 봉명산의 편백 향에 실려 온다. 새벽 예불은 산 중턱의 적멸보궁보다 산꼭대기의 암자에서 먼저 시작되었다. 시간은 어디에나 공평무사하게 도착하는 줄 알았더니 산 중의 시간이란 물처럼 위에서 아래로 흐르나 보다. 귀밝이 소리에 생명 있는 것들은 깨어나 죽음의 밤을 털어낸다. 오직 생사를 초월한 부처님만이 깨달음의 징표를 품고 평온하게 누워 계시다. 산사의 문이 열린다. 새벽의 검푸른 기운을 머금은 소나무를 사방에 군졸처럼 거느리고.

닷새째 빈대에게 허벅지를 잘근잘근 씹히고 있지만 상관 없었다. 1500년 고찰에 사는 원주충(蟲)의 텃세라고 하더라도 나는 이 방을 떠날 생각이 없다. 내 몸에서 제일 맛있는 곳인가 싶을 정도로 다리만 집요하게 뜯긴다. 손가락 끝에 엉긴 끈끈한 피가 마르면서 살이 조여드는 느낌에 눈을 뜬다. 새벽 3시 반. 바지 곳곳에 피가 배었다. 밤마다 지속되는 혹독한 신고식의 수혜라면 새벽 예불 시간에 무리 없이 일어나 앉을 수 있다는 것이다. 그전까지의 생활 습관으로 보면 잠자리에 들 수는 있어도 기지개를 켜기에는 불가능한 시간이다. 머리맡으로 삼는 위치에 이부자리를 개어놓고 방을 정돈한다. 그래봤자 손댈 것은 책 몇 권, 옷 두어 벌. 단출하다.

인간은 태어나 처음에는 '너'를 인식하면서 시간을 보낸다. 세상을 손과 입으로 집어삼키면서 탐색하기에 바쁘다. 그러다 문득 그 상대들에게서 '나'를 인식하기 시작한다. 세상이 너와 나로 분리되면서 우리는 둘러싼 환경과 긴장-갈등 관계에 놓이게 된다. 이 관계는 균형을 잡고 있을 때 새로움에 대한 도전정신을 깨우기도 하고, 실패의 쓴맛을 통해 내밀한 성찰의 시간을 갖게 한다. 그러나 둘 사이가 균형점을 벗어나면 저울은 순식간에 한쪽으로 기울어버린다. '너'가 '나'를 압도하기 시작하면 일단 그 상황에서 뛰쳐나와야 한다. 스포츠 경기에서 수세에 몰리기 시작하면 전략적으로 타임을 외쳐서 흐름을 끊는 것처럼 말이다.

스물두 살의 나는 졸업 작품 준비를 목전에 두고 있었고, 졸업 후까지 생각해야 했다. 아직 가보지 않은 길을 그려보려니 외부의 평판과 잣대에 휘둘리기 시작했다. 수많은 '너'들의 기세에 하릴없이 밀리고 있었다. 가족의 기대, 교수의 권유, 친구와의 비교. 타인은 지옥이 되었고 지옥문을 박차고 나와야 했다.

개별자의 주체성을 진리로 여기는 실존주의는 영어로 Existentialism이다. '존재하다'라는 의미를 가진 어두의 exist는 어원을 살펴보면, ex는 탈출, ist는 영어의 is, 즉 '이다'라는 be 동사를 뜻한다. 그러므로 철학자 하이데거의 해석대로 보면 실존은 보편적인 삶, 세상이 지정해둔 정의에서 탈출하는 것이다.

스스로 삶을 기획하는 자유를 위해 내가 할 수 있는 최선은 일상에서 멀리 떠나는 것이었다. 우연히 경상남도의 한 사찰에서 내어준 작은 방에 들어섰다.

널린 환경을 스스로 제약해버리는 것. 사람들은 종종 시련을 맞이했을 때 은둔을 선택한다. 그들 모두가 삶에 대한 의지가 사라졌기 때문이라고 생각하면 오산이다. 어떤 이들은 오히려 의지가 강하기 때문에 삶의 의미를 자신의 힘으로 되찾기 위해 몸을 숨긴다.

'스스로'는 불가에서도 큰 화두이다. 선문답을 담은 공안집 《벽암록(碧巖錄)》에는 구지화상 이야기가 나온다. 선사는 어떤 질문에도 손가락 하나를 들어 올렸다. 그랬더니 사람들이 깨달음을 얻고 돌아가는 게 아닌가. 그 모습을 지켜보던 동자는 구지화상을 만나러 온 손님들이 "스승께서 어떤 법을 설하시던가?" 하고 물으면 자신도 손가락을 하나 들어 보였다. 동자는 구지화상에게 자랑스럽게 말했다. "스님처럼 이렇게 손가락을 들었더니 다들 뭔가 깨달은 표정으로 돌아가던데요?" 구지화상은 동자가 든 손가락을 잘라버렸다. 피가 철철 나서 겁에 질려 도망가는 동자의 뒤에서 선사가 외쳤다. "이놈아!" 동자가 돌아보자, 구지화상은 말없이 한 손가락을 들어 보였고 동자는 그 순간 깨달음을 얻었다.

언제나 '처럼'이 속을 썩인다. '너처럼, 그들처럼, 세상처럼'에 홀려 사는 삶은 나의 것이 아니다. 스스로를 그런 것처럼 속이는 일이다. 그러므로 선사의 흉내를 낸 동자의 손가락은 동자의 것이 아니다. 그 손가락의 원작자는 선사이니 그가 자기 손가락을 잘라내는데 누가 뭐라고 할까. 모골이 송연해지는 이야기이다. 내 몸과 정신은 얼마만큼이 원본이고, 또 복사본일까.

빈대에 이어 시험이 기다리고 있었다. 방이 있는 요사채의 이름은 안심료(安心寮)이다. 불가에서 '안심'은 움직임이 없는 경지에 마음이 머무르게 한다는 뜻을 가지고 있다. 이름 때문인지 일찍이 이 작은 집에서 〈독립선언서 공약삼장〉을 작성한 한용운 스님과 소설 《등신불》을 집필하던 김동리 작가는 일심(一心)으로 과업을 완수했다. 아무것도 모르고 온 나에게 사람들이 돌아가며 안심료의 역사를 소개했다. 이 방은 '그들처럼'의 함정을 지니고 있었다. 상황을 피해서 왔더니 역사가 버티고 있었다.

옆방에 반년째 머무는 여자는 김동리 작가가 묵던 방을 사용하는 것에 자랑스러워했다. 정확히 무엇이 자랑스러운지는 모르겠다. 그러나 혹시 그녀가 그 방이 지닌 역사의 무게를 짊어지고 싶어 하는 거라면 위험했다. 까딱하면 나도 그런 척을 하게 되겠구나. 이름도 남기지 않고 스쳐 지나갈 식객에게는 자신의 역사가 중요할 뿐이라고 되뇌었다.

신영복 교수는 옥중 서간에서 독방을 '강한 개인이 창조되는 영토'라고 했다. 비록 그가 갇혀 있던 감옥을 언급한 것이지만, 이 작은 방도 같은 본색을 띠고 있지 않을까 내심 기대했다. 사방은 흰 벽, 드나드는 창호문 하나. 그 위로 환기를 위한 작은 쌍닫이문이 달려 있다. 방의 좁은 면으로 누우면 키보다 무릎 하나 정도 긴 길이, 그와 수직으로 닿는 면은 조금 더 길다. 일어서서 기지개를 켜면 곧 천장에 손이 닿을 듯하다. 밤이 되면 먹물을 뿌린 듯이 캄캄해지는 점도 좋았지만 제일 마음에 든 건 탄탄한 벽이었다. 외부의 어떤 공격도 허용하지 않을 듯이 우뚝 서 있는 벽.

방은 어느새 갑옷이 되어 어깨 위에 얹히고 가슴에 둘렸다. 주변 환경에 기가 눌리다 온 나는 조금씩 가슴을 펴고 균형점을 회복해갔다. 갑옷은 속살이 단단해지도록 기다렸다. 벗고 나가서 세상을 맨몸으로 맞이할 때를 대비해서 말이다. 그래서 적당한 건 받아주지 않았다. 어설픈 생각은 벽을 넘지 못하고 던진 속도와 힘만큼 퉁겨져 나와서 머릿속에 칼처럼 꽂혀 들었다. 머리와 마음의 맷집을 키우면서 스무하룻날이 지났다.

"보살님, 별일 없는가."

혼자 전장을 누비고 있는 처지를 스님은 알고 계신 듯했다. 떠나는 날까지 방에서 서너 걸음 떨어져 말씀하실 뿐,

절대 문고리를 두들기는 법이 없으셨다.

세상에 들어가려고만 하던 내가 세상에서 한 걸음 떨어져 나오고자 했던 첫 시도는, 그다지 성공적이지는 못했다. 방을 나오고 나는 허무하리만치 일상의 관성에 물들어갔다. 무위로 돌아간 시간에 대한 부채감과 부끄러움이 일었다. 대가 없이 방을 내어주신 스님을 다시 찾아뵙지 못했다. 여전히 무른 가슴 위로 기세 좋은 '너'들이 달려들었다. 그래도 그때의 최선이 틀렸다고는 생각하지 않았다. 단순하고 무식하더라도 요령을 깨우치기 위한 처음은 극단적인 방법이 쓸 만하다. 그로 인해 얻은 경험이 최대, 최소점이 되어 그사이에 가용 영역이 만들어지기 때문이다. 그때의 최선이 반드시 오늘의 최선이 되지는 않지만, 그것을 찾기에 분명 도움이 된다.

> "어려운 것이 아니야. 어디서든 너 자신만 바로 보려
> 고 하면 돼."

앎도 시절인연이다. 스님의 마지막 인사말을 바로 새긴다. 새벽 4시, 책상 위 스탠드를 켠다. 이슬 서린 새벽의 향기에 산사의 작은 방을 추억하지만, 돌아갈 필요는 없다. 이것 하나 아는 데 참 오래도 걸렸다. 모두가 자는 사이, 나는 작은 방으로 들어선다. 매일 2시간, 일상에서 탈출하는 시간이 일상이 되었다. 단출하지는 않은 방이지만 낯익은 것들은 나름의 질서가 있어서 단정해 보인다. 방

문은 걸어 잠그지 않고 살짝 열어둔다. 문틈으로 빛이 조금 새어 나가도 좋다.

균형점을 벗어난다는 것은 하나의 느낌이다. 그 느낌을 매일, 지금 이 자리에서 조정한다. 전보다는 능숙해진 것 같다. 차를 우리고 글을 쓰는 손가락을 내려다본다. 이 손가락들이 살아 있는 한, 불 밝힌 작은 방을 몸에 두르고 나를 지키리. 더도 말고 덜도 말고 오늘만큼의 나를. 실존은 실전이다.

집으로의 프러포즈

그림

"학생은 하루의 자유 시간이 주어진다면, 뭘 하고 싶은가요?"

"학교 주변에 좋은 미술관이 많거든요. 하루 종일 미술관에서 그림 감상하며 보내고 싶습니다."

대학 입시 심화 면접 때 받은 마지막 질문과 나의 답변이다. 피곤이 묻어나던 원로 교수님들의 얼굴에 미소가 피어오르면서 공간의 분위기가 일순간 부드러워졌다. 그냥한 말이 아니라 정말로 내가 다닌 고등학교 주변에는 크고 좋은 미술관이 많았다. 호암미술관, 로댕갤러리, 성곡미술관, 일민미술관…. 야간자율학습이 폐지된 때라 하굣길에 걸음을 재촉하면 마지막 입장 시간 정도는 무난히맞출 수 있었다. 나를 중심으로 둥그렇게 둘러앉은 세 교수님의 등이 소파에서 떨어져 나왔다.

당시 교수님들에게는 미술 감상을 문화적 소양을 키우기 위한 취미로 부각해서 말했지만, 사실 미술관을 향하는 발걸음은 입시 시스템의 피로감에서 시작되었다. 교문을 벗어나면 불쑥 튀어나오는 틱처럼 나도 모르게 미술관으로 향했다. 머릿속이 활자와 숫자들에 시달린 감각들의 한숨으로 꽉 들어차 있었다. 탱탱한 풍선 같은 상태로 전시장을 소요하다 보면 작품 하나하나가 긴 젓가락이 되었다. 그 젓가락이 압력으로 가득한 머리 뚜껑의 꼭지를 비틀어서 증기를 빼주었다. 비로소 나는 버스를 타고 집으로 돌아갈 수 있었다.

동양화에는 그림을 읽는 독화법이 있듯이, 근대 이전까지의 서양화에도 보편적인 상징이 존재했다. 예를 들면 삼각구도는 기독교의 삼위일체를, 백합은 순결을, 거울은 허상을 의미한다. 약속된 상징에 대한 지식이 있어야 그림을 이해할 수 있다.

어차피 그런 지식이 있을 리 없던 내게는 현대 미술이 문턱을 넘기 쉬웠다. 그림에 담는 의도와 의미는 지극히 사적이고, 작가만이 아는 상징과 은유가 넘쳤다. 툭하면 제목이 '무제(無題)'. 제목없음이다. 작가도 제목을 모른다는데 나라고 작품을 온전히 해석해낼 수 있을까. 이런 난해하고 불친절한 현대 미술은 역설적으로 감상하는 내게는 자유를 주었다.

"말년의 작품들은 고독의 문제를 다루는 것처럼 보인다."

고인이 된 어느 화백의 전시 소개 마지막 문장이다. 큐레이터도 작가의 의도를 짐작할 따름이고 해석의 몫은 감상하는 관객에게 돌아간다. 나는 이것이 현대 미술의 미덕이라고 생각했다.

학교에서 종일 보던 언어와는 다르게 미술의 언어를 수용하기 위해서 필요한 것은 능동적인 태도 하나만 있으면 되었다. 내 마음껏 상상하고 해석해도 된다는 자유가 좋았다.

한동안 남들과는 다른 도피처를 찾았다는 생각에 취했다. 일탈의 방편으로만 이용당하던 그림은 향기 없는 꽃이었다. 작품과의 교감은 없이 보는 행위에만 집중하고 나면 여운이랄 게 없었으니까. 나는 그들의 향을 맡을 생각이 없었고, 그림들도 그들의 향기를 뿜어내지 않았다. 고암 이응노의 〈군상〉 시리즈를 보기 전까지 말이다.

먹으로 그린 사람들로 가득한 한지가 내뿜는 묵향에 단단히 사로잡힌 그날. 그림 속에서 눈에 보이지 않던 수많은 입시 경쟁자를 보았다. 군중 속에서 철저하게 자신의 몸부림에만 집중하고 있는 사람들. 수험생이라는 신분이 누구와도 손을 잡을 수 없는 관계의 단절을 의미한다는 사실이 그렇게 와닿은 적이 없었다.

광주 민주화 운동을 계기로 그렸다는 1980년대의 그림에서 밀레니엄 시대의 군상들을 마주했다. 신기하게도 그려지지 않은 사람들의 표정이 읽혔다. 좋은 그림은 그리지 않고도 보이게 만드는 힘을 가졌구나!

김형수 비평가는 '그림은 형상이 있는 시'라고 표현했다. 시는 읽는 이에게 해석을 구걸하지 않는다. 시 속으로 다이빙해서 실컷 헤엄치길 바랄 뿐이다.

감색 재킷, 초록 교복 치마를 입은 나는 먹으로 그린 사람들의 이 틈 저 틈으로 끼어들었다. 옆 사람 손을 스리슬쩍 잡고 함께 춤을 추고 싶었다. 처음으로 그림을 집에 걸고 싶다고 생각했다.

그림을 집에 건다. 그림에게 나의 공간을 내어주고 함께 살겠다는 말이다. 보고 싶을 때만 만나 하는 연애가 아니라 결혼해서 밤낮으로 마주하겠다는 의미이다. 적당한 각오로는 안 된다. 몸에 거는 액세서리같이 단지 집이 허전해서, 주변 가구와 잘 어울려서 들이기에는 그림이 함께 사는 사람에게 주는 영향력은 너무나 강력하다.

"삶이 예술을 모방한다. 삶은 예술의 유일하고도 가장 훌륭한 제자이다." 작가 오스카 와일드의 말처럼 소장할 그림에는 한순간의 인상이 아니라 오랜 시간을 곁에 두고 삶이 모방할 만한 이상이 담겨 있어야 한다. 그리고 그 이상은 아름다움보다는 결핍을 잘 들여다볼 때 찾을 수 있다.

얼마 전에 어느 폐탄광 마을을 다녀왔다. 갱도 체험을 마치고 나오면 옛 광업소의 사택촌을 재현해놓았다. 이발소도 있는데, 거울 맞은편 벽에 풍경화가 걸려 있었다. 벚꽃

이 핀 나무 뒤로 잔잔한 호수가 펼쳐지고 멀리는 하얀 설산. 전형적인 '이발소 그림'이다. 약속이라도 한 듯 이발소에는 산, 들, 강, 폭포를 그린, 화풍이 비슷한 그림이 걸려 있다. 나는 그 그림들에 작은 공간을 벗어나 넓은 세상을 여행하고 싶은 이발사의 꿈이 담겨 있다고 생각한다. 벼슬길 나가서 고달픈 선비가 안빈낙도를 꿈꾸며 방 안에 산수화를 걸어두었듯이 말이다.

책을 너무 좋아한 정조 임금은 옥좌 뒤에 일월오봉도를 떼고 책을 잔뜩 그린 책거리 그림을 둘렀다. 《금릉집(金陵集)》이라는 옛 문인의 책에서 정조의 마음을 엿볼 수 있다. "내가 평일에는 서적을 스스로 즐기지만, 혹 업무가 많아서 책 읽을 여가가 없을 때는 이 그림에 마음을 노닐고 눈을 머물게 하니 오히려 이보다 더 현명할까?" 누구랄 것 없이, 그림을 곁에 두고 보고 싶은 마음은 결핍이라는 뿌리에서 시작되었다.

노자의 《도덕경》 19장에는 이런 구절이 있다. 絶仁棄義 民復孝慈(절인기의 민복효자). 의로움에 대한 생각을 끊어버리면 오히려 효성과 인자한 본성을 되찾게 된다는 뜻이다. 효성과 인자한 본성을 찾아보기 어렵기 때문에 인과 의를 강조하게 된다.

믿음과 사랑이 상실되어가는 세상이기에 믿으라, 사랑하라, 외친다. 결핍이 없으면 무엇이 이상인지 알 수가 없다. 이상은 결핍을 먹고 자란다. 결핍이 클수록 이상은 팽창

한다. 이상향은 무한 수렴하지만, 도달할 수 없는 목적지이다. 이상형은 내 주변 사람들에게서는 보이지 않는 것들만 모아 그린 몽타주이다. 부족하거나 갖지 못한 것에 대한 욕망, 지금은 갖고 있어도 언젠가는 사라질지도 모른다는 무상과 상실에 대한 불안, 이미 사라져버린 것들에 대한 그리움이 투영될 때, 다시 이 모든 것이 소거되어 이상을 상상할 수 있을 때, 그 그림에게 기꺼이 공간을 내어주며 프러포즈하고 싶어진다.

기윤재에 와서 처음으로 구입한 그림은 고지영 작가의 유화이다. 어두운 녹빛의 강 위에 두 개의 조각배가 떠 있다. 두 배는 두런두런 이야기를 나누는 듯 가까이 붙어서 하나의 방향으로 흘러가고 있다. 배 위에는 박공지붕 집이 놓여 있어 수상가옥처럼도 보인다. 전경의 위아래가 잘려 나가서 가로로만 긴 작은 그림인데 집에서 제일 높은 벽면을 내주었다. 잘려 나간 전경을 채우는 하얀 벽면은 여백의 캔버스가 되어 어느 날은 전나무가 빼곡한 '검은숲'이 되기도 하고, 어느 날은 도시의 '빌딩숲'이 되기도 한다. 그 사이를 가르는 두 조각배는 오늘도 내가 꿈꾸는 곳으로 나아가고 있다.

머리와 가슴의 시가 흐르는 공간

책장

죽은 시인의 사회
폭력의 세기
겁쟁이가 세상을 지배한다.

우리 시대를 살아가며
생각하지 않는 사람들
마르크스의 유령들

낯익은 타인들의 도시
우리는 지금 어디에 있는가.
무엇을 위해 살 것인가.

길을 지나가다가 문득
멈춰라, 생각하라.
살아야 한다. 나는 살아야 한다.

침이 고인다.

이 글이 시로 보이는가? 시가 맞지만, 시가 아니다. 현대 미술가 오재우 작가가 책 제목을 배열해서 만든 〈서시, 죽은 시인의 사회〉라는 작품이다. 친구의 미술 단체전에 갔다가 그의 작품들을 처음 만났을 때, 가슴이 뛰어 작은 탄성을 질렀다. 각각으로 완벽한 책의 제목들이 시의 행이 되어 서로의 문맥이 되었다.

그런데 이 기발한 작품을 만든 작가에게 불현듯 해줄 말이 생각났다. 그는 한국십진분류법으로 정리된 무심한 표정의 도서관이나 서점을 거닐며 시를 '만드느라' 애썼을 것이다. 개인의 서가에서는 그럴 필요가 없다. 한 사람의 책장에 꽂히는 책들의 조합은 바둑판의 경우의 수만큼이나 많다. 그곳에는 이미 지문처럼 고유한 무늬를 지닌 시들이 흐르고 있다. 책장을 보여주는 이나 보는 이가 다만, 발견하면 된다.

문학소녀까지는 아니지만, 학창시절 내 책장에는 시집이 꽤 있었다. 친구에게 보내는 편지의 마지막을 장식할, 혹은 다이어리에 적어 예쁘게 꾸밀 한 편의 시를 위해 나는 시집을 열정적으로 탐색했다. 이정하, 정호승 시인의 가슴 절절한 시집들이 책장에 모여 다시 사랑의 시 한 편이 되었다. 겉멋이 들면서는 문학과지성사의 농밀한 시들이 책시렁에 더해졌다. 시인의 눈을 빌려 탐구하던 사랑의 대상이 특정한 존재에서 인간의 원형으로 확대되면 그 사랑은 사상이 된다.

세월이 흐르면서 곰살맞던 애정시는 사상들의 서사시에게 패권을 넘겨주었다. 그리스의 전쟁 서사시에 등장하는 수많은 영웅처럼 갖가지 철학과 종교들이 책장에서 혼전을 치른다. 네티, 네티. 진리는 결코 언어로 표현될 수 없다는 우파니샤드의 현자들과 석가모니의 말씀들이 한 진영에 똘똘 뭉쳐 있다. 그 경계에는 '언어의 한계가 곧 내가 아는 세상의 한계'라고 말하는 루트비히 비트겐슈타인이 알쏭달쏭한 표정으로 서 있다. 최진석의 《도덕경》 옆에는 강신주의 《노자》가, 다시 그 옆에는 마키아벨리의 《군주론》이 나를 두고 최선을 다해 쟁탈전을 하고 있다.

시라면 응당 단 한 줄도 버릴 것이 없어야 시이지만, 힘을 주고 빼는 곳은 있기 마련이다. 책장의 중앙에서 치열하게 전쟁을 치르는 인문-철학 분야에 반해, 소설과 에세이가 차지하는 무게는 가볍기 짝이 없다. 주어진 공간마저 열악해서 그들은 제 몸을 차마 직립하지도 못하고 누운 채로 포개져 있다. 문학에 야박해 보이는 지점이다. 그렇게 해야 책장 꼭대기까지 알뜰하게 채워질 수 있기 때문이다. 다만 몇몇 책에는 제 발로 설 수 있는 특권을 부여했다. 주제 사라마구의 《눈먼 자들의 도시》, 올더스 헉슬리의 《멋진 신세계》, 파트리크 쥐스킨트의 《향수》. 나의 인생 소설들이다. 비현실적 리얼리즘 소설을 좋아하는 내가 그리 감성적인 사람이 아니란 게 드러난다.

시가 흐르는 책장이란 말은 멋지지만 내가 너무 적나라하게 담겨 있어서 만만하게 드러낼 공간은 아니다. 손님이 책 제목들을 손가락으로 훑으며 들여다보기라도 하면, 그 손길에 몸이 데는 느낌이다. 내 머릿속의 치열한 전쟁이나, 서슬 퍼런 감성을 지닌 속내를 알아차리진 않을까 조마조마하다. 얼굴이 화끈거린다.

당연히 나도 누군가의 사무실이나 집에 가면 책장을 유심히 살펴본다. 그래도 공간의 주인이 나와 같은 유(?)의 사람일까 봐 대놓고 손가락을 짚어가며 보지는 않는다. 그의 관심이 다른 곳으로 갈 때마다 눈으로 쏜살같이 훑어 내린다(그래서 책등 디자인이 중요하다). 책 제목들의 문맥을 파악한다. 문맥은 사람을 검증하고 비판하기 위해서 찾는 것이 아니다. 사람을 이해하기 위해서이고 오가는 대화에 관점을 더하기 위해서이다. 주인은 아까부터 무소유를 주장하는데 책장에 온갖 주식, 부동산 책이 꽂혀 있다면 '표리부동하군.'이 아니라 '다면적인 사람이군.' 하고 해석하는 정도?

책장 스스로 자신을 드러내 외친다. 어이, 그 사람은 이런 사람이라고요. 여기도요, 여길 좀 보라고요! 물론 책들은 찰떡같이 말하는데 내가 개떡같이 알아들을 수도 있다. 잘못된 해석의 위험이 도사리고 있기는 하다. 하지만 나는 눈에 보이지 않는 것을 보고 싶은 이 마음을 끌어내릴 수가 없다. 서재의 주인도 알아채지 못한 그의 내밀한 면을 알아차리는 노력을 멈추고 싶지 않다. 알면 사랑하게 된다는 최재천 교수의 말처럼 나는 그의 입을 통해서도, 그의 책장을 통해서도 그 사람을 더 알고 싶다. 그리하여 사랑하고 싶다.

사람에 대한 관심은 책 속의 인물에게 투사되기도 한다. 《자기만의 방》을 쓴 버지니아 울프는 자기 서가의 책을 한 권씩 꺼내어 여성 작가들의 역사를 되짚어본다. 그녀는 16세기부터 20세기 초까지의 여성 작가 책을 많이 보유하고 있었다. 활자로 묘사된 책장 속에서 나는 그녀가 짊어진 의무감, 책임감을 깊게 공감했다. 당시 거의 유일하게 성공한 여성 작가로서 이전 세대의 작품을 보존하고 후학에게 전달하는 역할을 해야 했을까? 작가 앞에 굳이 '여성'을 붙여야만 하는 불합리한 사회에 대한 저항감을 발로 딛고서 말이다.

책장은 때로 이보다 더 엄숙한 것을 짊어지기도 한다. 심지어는 주인이 떠나도 책들은 남아 그의 짐을 짊어지고 있기도 하다. 《죽은 자의 집 청소》를 쓴 김완 작가는 "책장은 주인의 십자가 같다."고 표현했다. 그는 책 제목 그대로 죽은 자의 집을 치워주는 특수청소업을 하고 있다. 고인의 흔적을 지우며 그에 대한 판단은 자제하면서도, 남겨진 책들을 보며 고인의 생전을 그려보는 정도는 스스로 허용한다. 어느 고인의 난방 텐트 뒤에서 나온 책 몇 권.

《아무것도 하지 않을 권리》
《참 소중한 너라서》
《행복이 머무는 순간들》
《아주, 조금 울었다》
《내 마음도 모르면서》

죽은 자는 말이 없지만 책들은 아직 할 말이 많다. 사람이란 아무것도 하지 않아도 존재만으로도 소중하다. 그녀도 소중했다고, 행복하고 싶었다고, 울고 싶을 정도로 힘겨웠는데 아무도 몰라줬다고⋯. 말하지 못하고 삼켜버린 고인의 마음들이 차마 이승을 떠나지 못하고 소리 없이 아우성치는 건 아닐까. 누군가 조금만 일찍 알아주었더라면 이 책들이 진혼시가 되지는 않았을 텐데. 마음이 시리다.

이제 빗으로 곱게 빗어 넘긴 머릿속이 얼마나 엉망으로 헝클어져 있는지, 희고 멀끔한 셔츠 속 마음이 얼마나 얼룩지고 할퀴어져 있는지, 깨끗하게 손질된 손톱을 가지고도 삶은 얼마나 방치하고 있었는지 누군가 엿볼 수 있겠다는 생각이 든다면, 책장을 보는 눈길이 조금 심각해졌을 것이다.

다시 말하지만, 책장에는 시가 흐르고 그 시는 소유자의 자전적 시이다. 그러나 그 시는 선형의 시간순으로 흐르지 않는다. 책장에서 시간까지 읽어낼 수 있는 사람은 오직 주인뿐이다. 그 안에는 과거, 현재, 미래가 뒤죽박죽 섞여 있다. 책장을 보는 손님은 그것들을 모두 뭉뚱그려서 현존하는 하나의 존재로 버무린다.

그래서 나에 대한 인상이 왜곡되지 않도록 나는 더 이상 보지 않거나, 볼 필요가 없는 책은 되도록 정리한다. 바로 정리하기 어려우면 보여주고 싶은 모습만 보여주는 편집의 기술을 써볼 수도 있다. 손님과 이야기를 나누고 싶은 주제가 특정되면 관련 책을 집에서 가장 잘 보이는 책꽂

이로 이동시킨다. 내가 차를 준비하거나 요리를 하는 사이 손님이 집을 둘러보면서 자연스레 발견하게 만드는 배려이다. 보여주고 싶은 모습만 보인다는 건, 보여주기 싫은 건 숨겨둔다는 뜻이기도 하다. 일종의 잔꾀인데 깊은 책장은 책을 앞쪽으로 꺼내 정렬한다. 그러면 책 뒤로 약간의 공간이 남는다. 그곳을 활용하는 방법이다. 예를 들어 독실한 종교인이 온다면 그가 마주쳐서 불편해할 여타 종교의 경전들은 빈 곳으로 넘겨놓는다. 한숨을 내쉬어서 오목해진, 책의 하얀 배 뒤로 사유의 꼬리들이 스르륵- 숨어든다. 나는 이 꼬리가 밟히고 싶지 않다.

정리되고, 재배열되고, 편집되지만 여전히 나다운 책장 앞에 서 있다. 여기는 내 민머리와 맨가슴이다. 지금 책장을 들여다보라. 그 속에는 정말, 정말 많은 것을 담고 있다.

# 다락에서

봄이 왔다. 누런 잔디 사이에 불쑥 파릇한 기운이 솟고, 가뭇한 가지에 송골송골 맺혀 있던 겨울눈이 툭 터진다. 잊고 살던 생명들의 소생은 매해 보아도 신비롭다. 봄은 그 이름처럼, 깨어나는 만물을 새로운 눈으로 바라'봄'의 계절이다. 마당 곳곳을 살피면서 올해도 잘 부탁한다고 말한다. 아무도 없지만, 모두가 듣고 있다.

짧은 봄 인사를 마치고 집으로 들어서는데, 집 안에 감도는 온기가 난방을 틀어서 만들어낸 그것과는 달라졌음을 느낀다. 주택은 자연에 빠르게 동화한다. 집에도 봄이 왔다. 이때다 싶어 찌걱대는 나무 계단을 밟고 겨우내 잘 찾지 않던 다락으로 올라간다. 덥거나 추운 날씨에 취약한 다락은 봄에 머물기가 가장 좋다. 마지막 계단에 올라서면서 자연스레 등을 굽힌다. 낮은 천장에 맞춰 몸을 낮추고 한 발 한 발이 조심스러워진다. 천창 아래 놓인 밤색 빈백에 몸을 묻는다.

사위가 고요하다. 다락은 내게 낭만으로 다가오는 공간은 아니다. 많은 책에 나오듯, 가장 약한 자들이 세상으로부터 숨겨져 있던 장소가 다락이다. 안네 프랑크와 빨간 머리 앤, 소공녀 사라가 다락방에서 끝없이 펼치던 상상이, 현실을 극복하기 위한 분투였다는 사실을 떠올리면 나는 겸연쩍다. 소녀들은 차디찬 땅속에서 겨우내 웅크리고 있던 생명들과 닮았다. 그들이 어느 봄날, 어떤 모습으로 피어날지 얼마나 많이 상상했을까 생각하면, 상상이란 한갓진 공상 놀이가 아니라, 지금을 간절하게 살아내는 사람에게만 주어지는 특권 같은 것은 아닐까 한다. 그래서 이 공간에 오면 봄바람이 주는 설렘은 사그라지고, 낮춘 자세만큼 마음도 겸손해진다.

천창으로 볕이 여트막하게 드는 다락방에서, 봄을 기다리던 지난 계절을 돌아본다. 집 이야기를 글로 풀어내며 사계절을 보냈다. 희망보다는 좌절이 더 잦아서, 짧지도 않고 쉽게 가지도 않던 날들이었다. 그래도 묵묵히 그 시간을 지나올 수 있었던 건, 글로 나 스스로에 대한 믿음을 간절히 틔워내고 싶었기 때문이다. 내 생각, 나의 선택, 그것들이 바탕이 되는 일상에 대한 믿음. 그 믿음을 위해 글 속에 삶을 빌려준 가족들과 존재들에게 감사를 전하는 날, 집과 삶에 대해 사람들과 이야기 나누는 날을 상상했다. 그렇게 지난 계절이 주마등처럼 눈앞을 스치자, 마당에서 건넨 인사가 나를 비껴가지 않았음을 알아차렸다.

아, 내게도 봄이 왔구나!

시간의 틈에서 건져 올린 집, 자연, 삶

# 집이 나에게 물어온 것들

1판 1쇄 발행 2023년 9월 9일

지은이      장은진
펴낸이      박선영

편집        이효선
마케팅      김서연
디자인      강경신디자인
발행처      퍼블리온
출판등록    2020년 2월 26일 제2022-000096호
주소        서울시 금천구 가산디지털2로 101 한라원앤원타워 B동 1610호
전화        02-3144-1191
팩스        02-2101-2054
전자우편    info@publion.co.kr

ISBN        979-11-91587-50-0  03540

이 도서는 한국출판문화산업진흥원의 '2023년 중소출판사 출판콘텐츠 창작 지원 사업'의 일환으로 국민체육진흥기금을 지원받아 제작되었습니다.